향기로 감정을
디자인하다

심리학과 아로마가 만나는
감정치유의 향기

지은이

김보윤 · 김희경 · 노희경 · 박민영

향기로 감정을
디 자 인 하 다

첫째판 1쇄 인쇄 | 2025년 10월 20일
첫째판 1쇄 발행 | 2025년 10월 28일

지 은 이   김보윤, 김희경, 노희경, 박민영
발 행 인   장주연
출 판 기 획   임경수
책 임 편 집   이규빈
표지디자인   김재욱, 김신영
편집디자인   김민정
마 케 팅   박예진
발 행 처   군자출판사(주)
           등록 제4-139호(1991.6.24)
           (10881) **파주출판단지** 경기도 파주시 회동길 338(서패동 474-1)
           Tel. (031)943-1888   Fax. (031)955-9545
           홈페이지 | www.koonja.co.kr

ISBN 979-11-7068-368-1 (03590)
정가 20,000원

노희경

나는 꾸밈의 즐거움 속에서
나를 표현하고
요가와 명상의 고요함 속에서
나의 내면을 알아차리며 성장하고 있어요
그리고...
자연을 닮은 대체의학의 지혜와 아로마의 향기를 엮어,
자연스럽게 치유하며 살아간답니다
제가 좋아하는 향수는 로즈제라늄, 로즈
부드러운 꽃잎의 속삭임처럼 삶에 따뜻한 위안을 남기는 향을 좋아합니다

박민영
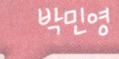

자연 속에서 머무는 시간을 좋아해요. 향기와 차가 주는 여유를 즐기며, 사람들과의 소통에서 새로운 에너지를 얻는 편이지요.
다양한 분야에 호기심이 많아 배우는 즐거움을 추구하고, 그 배움을 나누는 순간을 소중히 여긴답니다.

좋아하는 향수는 로만 캐모마일과 베르가못 향이 담긴 향수를 특히 좋아하는 편입니다.

머리말

감정을 다루는 향수 입문서인 이 책은 심리적으로 어려움을 겪고 있는 현대인을 생각하며 저술하게 되었다. 그들에게 이 책이 작은 길잡이가 되어, 삶의 여러 순간에 유용하게 쓰이리라 믿고 있다.

우리는 누구나 흔들리는 감정을 경험하며 살아간다. 때로는 불안에 잠식되고, 때로는 우울에 잠기기도 한다. 그러나 향기라는 매개를 통해 감정을 바라보고 다스릴 수 있다면, 우리는 스스로를 돌보는 훌륭한 치유자가 될 수 있다. 이 책은 그러한 가능성을 믿는 마음에서 출발하였다.

후각은 오감 중에서도 가장 감각적이고 직접적인 통로로 감정의 문을 여는 가장 빠르고 진실한 감각이다.

이렇게 후각을 통해 들어온 향기는 우리의 뇌를 자극하여 순간적으로 기분을 고양시키거나, 차분하게 안정시킬 수 있으며, 마음과 감정에 직접적인 영향을 미치는 특별한 언어로 작용한다.

이 책에 담긴 내용은 참고문헌에 나온 아로마테라피 관련 책 기반으로, 저자들이 직접 시행착오를 겪으며 터득한 향수 레시피와 경험, 감정 치유의 기록으로 구성되어 있다. 각 레시피에는 과학적 근거는 물론, 저자 각자의 개인적인 감정 경험과 취향이 자연스럽게 녹아 있다. 혹여 독자들 가운데 다른 의견이나 반론을 제기하는 분이 계시더라도, 그것은 향기를 통한 치유 여정의 다양성과 확장성을 보여주는 과정이라 생각해 주시길 바란다.

책을 집필하는 동안 아낌없는 사랑과 지지를 보내준 가족들에게 깊이 감사드린다. 또한, 집필의 길고도 고된 여정 속에서 함께 마음을 모아주고, 긍정적인 메시지와 따

뜻한 격려를 아끼지 않은 동료들에게도 진심으로 고마움을 전한다.

　아울러 아로마 책 출판에 항상 깊은 관심과 애정을 보내주신 군자 출판사, 그리고 모든 관계자분들께도 깊이 감사드린다.

　이 책은 단지 한 사람의 결과물이 아니라, 여러 사람의 손길과 마음이 모여 이루어진 공동의 작품이다.

　마지막으로, 이 책을 집어 든 모든 독자들이 향기를 통해 자신의 감정을 새롭게 바라보고, 스스로를 돌보며, 치유의 여정을 걸어갈 수 있기를 바란다. 향기가 전하는 따뜻한 위로와 회복의 힘이 여러분의 삶 속에서 고요히, 그러나 깊게 살아 숨쉬기를 진심으로 소망한다.

"모든 치료의 시작은 아로마를 머금은 욕조에 몸을 담그고 매일 마사지를 받는 것이다."

-히포크라테스-

"한 개인에게 변화가 일어나도록 하기 위해서는 개개인에게 맞는 치료법이 필요하다. 우리 모두는 유일한 존재이다. 오로지 그 사람에게 맞는 치료법만이 그를 치유할 것이다. 그러므로 우리는 치료하고자 하는 사람에게 가장 잘 맞는 치유제, 그 사람에게 가장 필요한 것을 채워주면서 그의 잠재력을 실현시킬 물질을 찾아야 한다."

-마가렛 모리<삶과 청춘의 비밀>

차례

제1장

향수의 역사

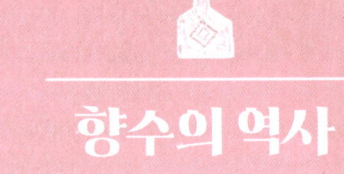

향수의 역사

1. 향수의 역사

미술은 그림으로, 건축은 유적으로, 음악은 악보와 악기로 그 흔적을 남긴다. 우리는 눈으로 보고 손으로 만지며 이들의 역사를 짐작하고 계승할 수 있다. 그러나 향기는 다르다. 형태가 없고, 기록도 미비하며, 오직 감각을 통해 존재했던 향기는 시간의 흐름 속에서 너무 쉽게 사라져 버렸다.

그럼에도 불구하고, 향의 역사를 되짚는 일은 중요하다. 왜냐하면 향은 인간의 본능과 정서에 가장 가까운 감각이며, 시대와 문명이 감정과 신념을 담아낸 또 하나의 언어이기 때문이다. 형태는 없지만 강력한 감정적 파장을 지닌 향은 시대를 거쳐 신성한 제의와 정교한 의례, 치유의 도구로 사용되었으며 정치적 권력과 사회적 신분을 상징하는 물품으로 늘 인간의 삶 가까이에 있었다. 겉으로는 잊힌 듯 보이지만, 향은 언제나 그 시대의 욕망과 정체성을 조용히 증언해왔다.

이 장은 그러한 무형의 기록들을 따라가며, 향이 어떻게 인간의 삶을 감싸고 스며들어 왔는지를 되짚는 여정이다. 눈에 보이지 않는 향기를 통해, 인간이 남긴 또 하나의 감정 지도를 발견하게 될 것이다.

1) 향료의 탄생 — 향의 기초를 마련한 시대

인간은 본능적으로 향기에 반응한다. 불쾌한 냄새로부터 회피하고, 향기로운 향에는 마음이 끌린다. 고대 인류는 불을 사용하면서 자연의 나무껍질, 수지, 잎사귀가 타며 퍼지는 향기를 경험하게 되었고, 이러한 감각적 경험은 점차 향을 삶의 중요한 일부로 받아들이는 계기가 되었다. 시간이 흐르며 이러한 경험은 단순한 감각적 즐거움을 넘어, 향에 특정한 의미를 부여하는 방향으로 발전했다.

이처럼 향은 단순한 감각적 기호를 넘어, '보이지 않는 존재'와의 연결을 암시하는 매개체로 확장되었다. 특히 고대 사회에서 향은 신성한 것과의 소통을 가능케 하는 통로로 여겨졌다. 제사와 의식, 치유의식, 죽은 자를 위한 정화 의례 등에서 향은 중요한 역할을 했으며, 신과 영혼, 보이지 않는 세계와 접속하는 도구로 사용되었다. 당시의 향료는 인간의 감정, 소망이 담긴 신비롭고도 신성한 물질이었다. 향이 의례의 중심에 자리 잡으며, 의미를 갖게 된 시점이 바로 '향료의 기원'이라 할 수 있다.

2) 고대

a. 문명의 의례와 치유로 확장된 향기

고대 메소포타미아, 이집트, 인도, 중국 등의 문명에서는 향은 단순히 장식이나 쾌락을 위한 도구가 아니었다. 향은 치유의 수단이 되었고, 권력의 상징으로도 활용되었으며, 신과 인간, 삶과 죽음, 몸과 마음을 이어주는 신성한 의식의 중심에 놓인 존재였다. 이처럼 향은 실용적인 용도를 넘어, 깊은 정서적 상징과 정신적 의미를 지닌 중요한 매개체로 여겨졌다.

이집트에서는 기원전 3000년경부터 향료가 미라 제작, 제례, 의약 등 다양한 분야에

서 광범위하게 활용되었다. 특히『에버스 파피루스(Ebers Papyrus, 기원전 1550년경)』에는 프랑킨센스, 미르, 시더우드와 같은 향료들이 상처 치료, 방부, 정화 등의 목적으로 사용된 구체적인 처방들이 기록되어 있어, 향이 단순한 향기 이상의 실용적·의례적 가치를 지녔음을 보여준다.

또한, 향은 권력과 정치의 영역에서도 중요한 역할을 했다. 클레오파트라가 장미 향유로 가득한 배를 타고 나타나 로마의 정치가 안토니우스를 매혹시켰다는 유명한 일화는, 향이 미적인 매력을 넘어서 정치적 영향력까지 발휘할 수 있었던 수단이었음을 단적으로 보여준다.

메소포타미아 지역에서 출토된 점토판의 기록을 보면, 바빌로니아 신전에서 향나무 수지를 태워 신을 기리는 의식을 치렀음을 알 수 있다. 향은 '신의 호흡'이라 여겨질 만큼 신성시되었다. 사제는 향을 조제하고 다루는 전문적인 역할을 맡았고, 이는 향이 신성과 연결된 신비로운 매개체로 인식되었음을 보여준다.

인도 아유르베다 의학에서는 샌달우드, 자스민, 베티버 등이 체질의 균형을 맞추고 마음의 안정을 돕는 약재로 사용되었으며 의학, 요가, 명상의 도구이자 정화 행위로도 함께 쓰였다.

중국에서는『황제내경』을 통해 향이 기(氣) 순환과 감정 조절에 사용되었음이 기록되어 있으며, 문인들은 향을 피우며 정신을 가다듬고 감정을 정돈했다.

한나라 시대의 무덤 유적에서 출토된 정교한 향로는 당시 향 문화를 예술적 수준으로 끌어올린 정제된 양상을 보여준다.

b. 권력과 정체성 상징이 된 향기

고대 그리스·로마 시대에 향수는 지위와 정체성을 나타내는 상징이었다. 고대 그리스에서는 향유가 종교 의식, 스포츠, 일상 위생에 이르기까지 폭넓게 사용되었다. 호메로스의 서사시『일리아스』와『오디세이아』에는 신들이 향기로운 기름을 몸에 바르고 인간에게 내려오는 장면이 자주 묘사되며, 향은 신성과 연결된 상징이었다. 그리스의 운동선수들은 경기 전후에 올리브 오일과 향료를 섞은 기름을 피부에 발라 근육을 이완하고 몸의 피로를 풀었다. 또한 플라톤과 아리스토텔레스는 감각적 쾌락, 그중에서도 향기와 같은 감각 자극이 이성과 조화를 이룰 때 비로소 덕 있는 삶에 기여할 수 있다고 보았다. 이들은 향을 단지 쾌락의 도구로 보지 않고, 정신과의 조화를 통해 윤리적 삶에 통합될 수 있는 철학적 주제로 다루었다.

로마 황제 네로는 아내 포페아의 장례식에서 아라비아와 인도에서 수입한 향료를 산더미처럼 쌓아 장례를 치렀다는 기록이 있으며, 이는 후대에 '장미 수천 송이'가 장례를 뒤덮었다는 상징성이 띤 형태로 재해석되며 전해졌다. 이는 향이 단순한 애도나 개인의 감정 표현을 넘어, 황제의 신격화와 위엄을 나타내는 정치적 도구였음을 보여준다.

로마 시대 향료 문화의 실질적 실태를 기록한 가장 중요한 문헌 중 하나인 박물지에는 프랑킨센스, 미르, 시나몬 등의 향료가 어디서 유래되었는지, 어떻게 채취되고 얼마의 가치를 지니는지, 또 어떤 의학적·종교적 용도로 사용되었는지가 상세히 기술되어 있다. 이 기록은 당시 향료가 사회적 지위와 경제적 능력의 상징으로 사용되었음을 보여준다.

3) 중세 이슬람과 중세 유럽 — 지식과 신앙, 생존을 아우른 향기

중세 시기, 이슬람 세계에서는 아비세나가 증류 기술을 활용한 향유 추출법을 체계화하였다. 그의 『의학정전(Canon of Medicine)』에서는 장미수와 같은 향료수의 의학적 사용이 언급되며, 이는 향수 과학의 근대적 기초로 작용하였다.

한편, 바그다드와 코르도바는 당시 이슬람 문명의 양대 중심지로, 향료 무역과 조향 예술의 발전에 핵심적인 역할을 했다. 바그다드는 동방의 향료와 의학 지식이 집약된 학문의 수도였고, 코르도바는 안달루시아 지역을 대표하는 문화 중심 도시로서 향과 관련된 철학, 문학, 의학적 적용이 활발하게 이루어진 곳이었다. 이 두 도시는 향료가 감각의 영역을 넘어 지식, 종교, 경제적 위상을 포괄하는 문명적 상징으로 확장되는 데 핵심적인 역할을 했다.

중세 유럽에서는 향이 교회의 의식을 위한 도구와 전염병을 방어하는 수단으로 쓰였다. 프랑킨센스와 미르는 성서 속 '성스러운 선물'이자, 교회 제례의 중심이었다. 흑사병 시기에는 전염병의 감염을 막기 위해 허브를 넣은 향주머니를 착용하는 풍습이

널리 퍼졌다. 이는 단지 감정적 위안이나 상징적 방어가 아니라, 실제로 향주머니에 포함된 로즈마리, 라벤더, 정향, 타임, 시나몬 등 방향성 식물과 향신료들이 항균성과 살균 효과를 지녔기 때문이다. 당시에는 세균의 존재가 과학적으로 밝혀지지 않았지만, 이러한 식물성 물질이 감염 예방에 도움을 준다는 민간 경험이 누적되며 의례적이면서도 실질적인 방어 수단으로 자리 잡았다.

4) 르네상스 시대 — 궁정 문화의 꽃으로 승화된 향기

르네상스 시대 유럽에서는 이탈리아·프랑스를 중심으로 향료 무역이 활발해지며 조향 전문직이 탄생했다. 프랑스 국왕 앙리 2세의 왕비 카트린 드 메디치 여왕은 전속 조향사 르네 르 플로리앙을 데리고 이탈리아에서 프랑스로 이주하면서, 조향 예술과 향료 사용 문화를 프랑스 궁정에 도입하였다. 이외에도 프랑수아 1세는 향에 강한 관심을 보였고, 그의 궁정에서는 향수를 예술로 간주해 후각적 감각을 높이는 데 활용하였다. 이 시기, 메디치 가문과 왕실의 후원을 바탕으로 프랑스 남부의 그라스 지역은 조향 문화의 중심지로 부상하며, 이후 '향수의 수도'로 자리 잡게 된다.

엘리자베스 1세도 강한 향을 즐겨 사용했으며, 향수 제조사를 개인적으로 후원해 영국 내에서도 향료의 수입과 배합 기술이 점차 발전했다. 그녀는 향수 제조를 위생과 건강관리뿐 아니라, 정치적으로 왕의 위임을 높이는데 적극 활용하였다.

이 시기에는 향수가 미와 건강, 권력의 상징으로서 유럽 상류사회에서 중요한 문화 및 정치적 요소로 부상했다. 메디치 가문의 궁정에서는 독을 탐지하거나 감추기 위해 향수를 사용했다는 이야기가 전해지며, 프랑스 궁정 귀족들은 자신의 위생 상태를 감추기 위해 강한 향을 뿌리거나, 방 안에 향기 나는 주머니를 비치했으며, 교황청에서는 유럽 각지에서 들여온 향료를 제례와 의전에 활용했다. 르네상스 회화 속 인물들이 손에 향수를 들고 있는 모습이나, 유리 향수병이 예술품처럼 제작된 점도 이 시기 향 문화의 미적, 사회적 위상을 보여주는 일화 중 하나다.

무엇보다 중요한 변화는 르네상스 시기부터 향수가 단순한 추출물이 아닌 '조향의 기술'로 정립되기 시작했다는 점이다. 이 시기 조향은 단순한 향료의 혼합을 넘어서,

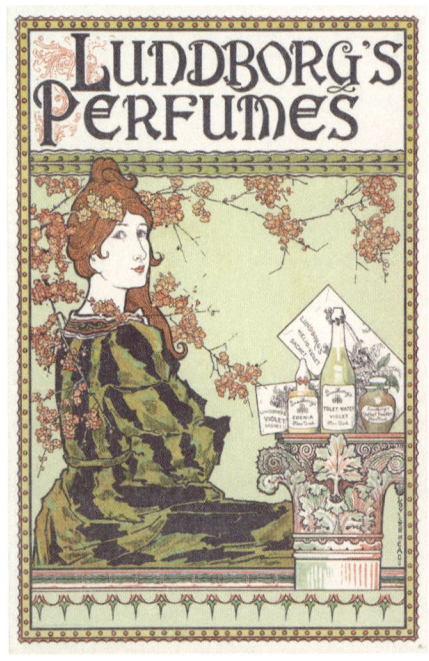

원료의 선택과 배합의 질서, 탑-미들-베이스 노트로 이어지는 향의 층위 구조, 그리고 시간에 따라 감정이 전개되듯 펼쳐지는 향의 흐름까지 고려하는 예술적 기법으로 발전하였다. 로즈, 시트러스, 머스크, 동방의 수지 향 등을 조화롭게 배합하는 방식은 단순한 향의 조합을 넘어, 향기가 유도하는 정서와 감각의 흐름을 설계하는 표현으로 발전해 나갔다.

이러한 조향의 미학은 프랑스의 루이 14세에게서도 잘 드러난다. 그는 향을 위생뿐 아니라 권위의 상징으로 활용하며 궁정 전체에 향기를 퍼뜨렸고, 궁 안에 '향기 나는 분수'를 설치할 정도로 향을 애용했다. 그의 조향에 대한 애호는 왕권과 향의 결합이라는 전례 없는 문화를 형성하였다.

이러한 흐름은 1709년 장 마리 파르가 독일 쾰른에서 상업적으로 출시한 '오 드 콜로뉴'로 이어진다. 그는 가벼운 감귤 계열의 향을 중심으로 한 조향을 통해 활력과 정화를 상징하는 향을 만들어냈으며, 이는 근대 향수의 프로토타입으로 자리 잡았다. 이러한 향의 설계 방식은 단순히 향료를 나열하는 것을 넘어, 인간의 기호와 정서적 흐름을 고려하여 조화롭게 구성된 것이었다. 이러한 배경은 향을 통해 내면을 표현하고 조절하는 심리적 접근의 기반을 마련하게 된다.

5) 근대— 개인의 정체성을 표출하는 향기

19세기 유기화학의 발전은 합성 향료를 탄생시켰고, 산업혁명은 향수의 대량 생산을 가능하게 했다. 이로 인해 향수는 귀족의 전유물에서 벗어나 대중의 일상 속으로 확산되었다.

향수는 누구나 사용할 수 있는 실용적 소비재로 자리 잡았지만, 20세기 초에 이르러 그 역할은 다시 한번 전환점을 맞는다. 단순한 위생용품이나 장식의 의미를 넘어, 향수는 감각적 욕망과 사회적 자아를 표현하는 문화적 상징으로 부상하게 된다.

1921년, 가브리엘 샤넬은 인공 알데하이드 향조를 중심으로 한 새로운 향수 '샤넬 No.5'를 세상에 선보였다. 이 향수는 꽃향기만을 강조하던 기존의 조향에서 벗어나, 추상적이고 구조적인 조합을 통해 이전에는 없던 감각의 세계를 열어 보였다. 샤넬 No.5는 향수가 단순한 쾌락이나 사치의 대상이 아니라, 여성의 존재감과 정체성을 드러내는 수단이 될 수 있음을 보여주었다. 이는 향수가 소비재를 넘어, 자아의 한 층위를 표현하는 감각적 언어로 기능할 수 있다는 가능성을 제시한 역사적으로 중요한 순간이었다.

20세기 후반, 향수는 감정과 성별, 정체성, 기억을 상징하는 매체로 기능하기 시작한다. '시그니처 향수'는 개인의 존재를 개성적으로 표현하는데 사용되었으며, '개인 맞춤형 향수'는 자아의 고유성을 구현하는 조향 방식으로 주목받았다. 또한 젠더 트렌드는 향을 통해 정체성을 유연하게 표현하고자 하는 시대정신을 반영하며, 성별의 경계와 사회적 정체성을 넘나드는 표현 방식으로 자리잡기 시작했다. 향은 더 이상 타인을 위해 장식하는게 아니라 자기를 드러내는 감각적 표현 수단으로 자리 잡기 시작했다.

6) 현대— 감정의 회복과 감각적 도구로서의 향기

21세기에 들어 향수는 다시 감정과 정신의 세계로 회귀하고 있다. 이는 단순한 현대적 경향이 아니라, 향이 정서 조절과 내적 균형의 도구로 활용되던 오랜 전통을 되살리는 흐름이기도 하다. 고대 이집트의 '키피(이집트 시대의 향수 이름)'는 기분 안정과 명상을 위한 복합 향료로 사용되었고, 플루타르코스는 키피를 '긴장을 완화시켜 숙면을 취하게 하고 특히 밤을 아름답게 만드는 향'이라 설명하였다. 중세 독일의 수녀 힐데가르트 폰 빙겐 역시 라벤더 향이 신경을 안정시키고 명상에 도움이 된다고 보았으며, 17세기 프랑스의 약학자 마르탱 드 라 바르는 『향기에 관하여』에서 향이 정서적 균형과 기질 조화를 돕는 감각 자극임을 생리학적으로 설명하였다. 그의 견해는 현대 향기 심리학과 아로마테라피의 이론적 토대가 되었으며, 향과 향수는 다시 감정과 치유의 통로로 자리매김하고 있다.

특히 향수의 주요 구성 요소인 에센셜 오일은, 감정 조절과 심리적 안정에 도움이 되는 성분으로 구성되어 있음이 과학적으로 검증되었다. 예를 들어, 라벤더 오일은 불안 감소와 수면의 질 향상에 긍정적인 영향을 미친다는 사실이 여러 임상 연구를 통해 확인되었고, 베르가못 오일은 스트레스 완화와 자율신경계 안정에 도움을 주는 것으로 보고되었다. 프랑킨센스 오일은 세로토닌 수용체에 작용하여 우울감 감소에 기여하며, 로즈 오일은 심리적 위축이나 슬픔의 정서에 안정감을 부여하는 효과가 실험적으로 입증되었다.

이처럼 과거에는 경험적으로만 전승되던 향의 정서적 기능들이, 오늘날에는 현대 과학의 발전을 통해 실제 심리적 효과가 있음이 검증되고 있다.

후각은 다섯 가지 감각 중 유일하게 대뇌 변연계, 특히 감정과 기억을 관장하는 편도체와 해마에 직접 연결되는 감각이다. 이러한 특성 때문에 향은 이성적 사고보다 빠르게 감정을 자극하고, 때로는 언어로 표현하기 어려운 정서를 일깨운다. 어떤 향은 상실의 감정을 부드럽게 감싸주고, 어떤 향은 유년기의 조용하고 편안함을 되살리며, 또 어떤 향은 긴장과 불안을 완화시켜준다. 현대의 향수는 이러한 뇌-감정 메커니즘을 적극 활용하여 여러 분야에서 활용되고 있다.

제2장

향의 정의와
기능

향의 정의와 기능

1. 향의 정의

향(香, Fragrance)은 특정 물질에서 발산되는 휘발성 유기 화합물(VOCs)이 후각 수용체를 자극해 인식되는 감각 경험을 말한다. 그러나 향은 단순한 자극을 넘어, 감정과 기억을 관장하는 뇌의 변연계와 직접 연결되어 우리의 내면에 깊은 울림을 남기는 정서의 언어가 된다.

사람은 향기를 통해 기분이 좋아지거나 불안이 완화되는 경험을 하기도 하고, 오래전 기억이나 특정한 장소, 사람을 떠올리기도 한다. 이러한 반응은 향기 분자가 코속 후각상피에 닿은 후, 전기 신호로 전환되어 후각구를 거쳐 편도체와 해마로 곧장 전달되는 뇌의 구조에서 비롯된다. 이는 다른 감각들이 대부분 시상(視床)을 거쳐 처리되는 것과는 대조적이며, 후각이 무의식적이고 즉각적인 감정 반응을 유도하는 이유이기도 하다.

이러한 향은 주로 식물의 꽃, 잎, 줄기, 나무껍질, 수지, 과일, 뿌리 등에서 추출한 천연 정유 또는 실험실에서 합성된 향료를 통해 얻어진다. 각각의 향은 단일 성분으로 존재하기도 하지만, 여러 가지 향료가 조화롭게 배합되어 하나의 풍부한 향기로 완성되기도 한다.

이렇게 만들어진 향은 단순한 냄새 이상의 의미를 지니며, 향수와 아로마테라피, 공간 연출, 종교적·의례적 도구, 감정 치유의 매개체 등 다양한 방식으로 인간의 삶 속에 깊이 스며들어 있다.

'향(香)'이라는 단어는 한자 香(향기 향)에서 유래했으며, 본래 '좋은 냄새'를 뜻한다. 고대 중국에서는 향을 제례(祭禮)의 정화 수단이자 신과 소통하는 매개체로 사용했으며, 이는 이후 동아시아 문화 전반으로 퍼져 나갔다. 향을 피워 내는 연기는 마음을 정화하고, 공간을 신성하게 만들며, 인간의 내면과 초월적 존재를 연결하는 다리로 여겨졌다.

서양에서도 '향기'를 지칭하는 여러 단어가 존재한다. 가장 널리 쓰이는 단어는 Fragrance로, 이는 라틴어 fragrare(향기 나다)에서 유래되었다. 꽃이나 과일, 풀잎 등에서 느껴지는 상쾌하고 기분 좋은 향을 폭넓게 아우르며, 주로 화장품, 향수, 세제 등 다양한 일상 제품에서 흔히 사용되는 표현이며, 향기의 긍정적인 인식을 담고 있다.

이에 비해 Scent는 후각으로 감지되는 모든 종류의 냄새를 포괄하는 단어이다. 향기로운 냄새뿐만 아니라 중립적이거나 다소 부정적인 냄새까지 포함할 수 있어 사용 범위가 넓다. 동물의 체취, 사람의 향수, 자연의 냄새 등 구체적인 대상을 묘사할 때 자주 쓰이며, 후각이 특정 대상을 '추적하거나 기억하는 감각'임을 시사한다.

Aroma는 그리스어에서 유래된 단어로, 주로 음식, 커피, 차, 와인 등의 식음료에서 느껴지는 향기를 지칭한다. 이 단어는 미각과 후각이 결합된 복합적 감각을 담고 있으며, 풍미와

깊이를 표현하는 데 사용된다. 또한 아로마테라피처럼 심신을 치유하거나 안정시키는 기능을 가진 향에도 이 표현이 쓰인다.

Perfume은 향을 예술적으로 조합해 만들어낸 제품, 즉 향수를 뜻하는 단어로 널리 사용된다. 이 단어는 라틴어 per fumum – '연기를 통해'라는 뜻에서 유래하였으며, 고대에 수지를 태워 신에게 바치는 의식에서 비롯된 개념이다. 향이 곧 신성한 행위였던 시대의 흔적을 지닌 이 단어는, 오늘날에도 향수를 단순한 향기의 도구를 넘어 감정과 기억을 불러일으키는 예술적 표현 수단으로 자리매김하게 했다.

반면, Odor는 향기보다는 냄새 자체에 집중하는 표현으로, 흔히 중립적 혹은 부정적인 냄새를 의미한다. 생물학적 또는 화학적 맥락에서 주로 사용되며, '불쾌한 냄새'라는 부정적인 뉘앙스를 담는 경우가 많다. '체취'나 '악취'등과 연결되어 쓰이는 경우가 많다.

한편, Bouquet는 프랑스어에서 유래된 단어로 원래는 '꽃다발'을 의미하지만, 와인에서 숙성된 복합적이고 우아한 향을 표현할 때 주로 사용된다. 향수의 세련된 잔향이나 깊이 있는 향조를 묘사할 때도 이 단어가 쓰이며, 보다 감각적이고 예술적인 향의 조합을 강조할 때 이 표현이 쓰이기도 한다.

이처럼 각기 다른 문화와 맥락 속에서 향을 지칭하는 언어는, 향이 단순한 냄새가 아니라 정서, 기억, 취향, 그리고 삶의 감각적인 부분을 아우르는 존재임을 말해준다.

2. 향의 기능

1) 정서적 기능

향은 인간의 감정에 가장 직접적으로 작용하는 감각 자극이다. 그 이유는 후각이 뇌의 감정 중추인 편도체와 해마로 곧장 연결되기 때문이다. 이로 인해 향은 우리의 기분을 빠르게 변화시키고 특정한 정서를 유도하는 데 강력한 영향을 미친다.

예를 들어, 라벤더 향은 긴장된 마음을 안정시키고 불안을 완화시키며, 일랑일랑이나 로즈는 자존감 회복과 자기애 증진에 도움이 된다. 반면, 레몬과 같은 시트러스 계열의 향이나 페퍼민트는 무기력한 상태에서 활력을 불어넣고 의욕을 끌어올리는 데 효과적이다. 이처럼 향은 무의식적으로 억눌린 감정을 표면으로 끌어올리거나, 복잡한 마음의 매듭을 부드럽게 풀어주는 '감정의 조율자'라 할 수 있다.

2) 신체적 기능

향은 정신적인 영역을 넘어, 신체의 생리적 반응에도 뚜렷한 영향을 미친다. 향기를 흡입할 때 후각을 통한 뇌 자극은 자율신경계의 균형을 조절하며, 이 과정은 곧 호흡, 심박, 혈압, 호르몬 분비, 면역 반응 등으로 이어진다.

예컨대, 페퍼민트는 혈관을 수축시키고 심신을 각성시켜 피로 해소에 좋으며, 유칼립투스는 호흡기를 확장 시켜 감기나 비염 같은 호흡기 질환에 도움이 된다. 진정 작용이 있는 라벤더 또는 마조람 향은 수면을 유도하고 심박수를 안정시켜, 만성 불면이나 스트레스성 두통 완화에도 효과적이다. 향은 직접적인 약리작용은 아니지만, 뇌-신체 연결고리를 자극함으로써 자연 치유력을 활성화하는 보조 치료적 역할을 수행한다.

3) 환경적 기능

향은 시각이나 청각보다 더 은밀하지만 강력하게 공간의 인상을 좌우한다. 향이 퍼지는 공간은 심리적 안정감, 청결함, 고급스러움, 개성 등 다양한 인상을 만들어낸다.

호텔, 카페, 병원, 요가 스튜디오, 스파 등에서는 특정 향을 통해 공간의 정체성을 확립하고 방문자의 감각 경험을 조율한다. 예를 들어, 고급 호텔 로비에 흐르는 부드러운 우디 향은 신뢰와 품격을 암시하고, 병원에서는 민트나 시트러스 향으로 청결감과 신뢰를 전달한다.

또한 향은 공기 정화, 탈취, 방충 등의 실용적 기능도 겸하며, 일상 공간에서의 쾌적함 유지에 기여한다. 이는 향이 단지 기분을 좋게 하는 감성적 요소를 넘어서, 환경 심리학적 도구로 작용함을 보여준다.

4) 연상 작용

향은 기억을 소환하는 가장 강력한 자극 중 하나이다. '프루스트 현상'이라 불리는 이 현상은, 특정 향기가 과거의 장면이나 감정을 강렬하게 떠오르게 한다는 이론으로 잘 알려져 있다.

예를 들어, 어린 시절 할머니가 만들어주던 과자의 냄새, 첫사랑이 쓰던 향수, 유년 시절의 교실 냄새처럼 개인이 기억하는 특정한 향에는 감정과 장소, 인간관계가 복합적으로 저장되어 있어 그 때의 기억을 순간적으로 불러온다. 향은 시간과 공간, 감정과 기억을 연결하는 감각의 타임머신이라 할 수 있다. 이러한 향의 기억 작용은 단순한 '회상'이 아니라, 감정 힐링, 심리 치료, 정체성 확립에까지 응용된다.

조향사는 이러한 연상 작용을 설계하여, 향수를 통해 '추억', '기분', '사계절', '사람'을 표현한다.

이처럼 향은 감각을 자극하는 차원을 넘어, 사람의 감정, 기억, 행동을 아우르는 복합적 도구로 작용한다. 어떤 향기는 누군가의 인상으로 기억되기도 하고, 누군가에게는 특정 공간의 향이 편안함이나 불안을 유발시키기도 하며, 어떤이들은 향을 사용해 하룻동안 일어나는 자신의 감정을 균형감 있게 조절하기도 한다.

결국 향은 단순히 공기 중을 떠도는 분자가 아니라, 감각의 문을 여는 자극이자, 무의식으로 통하는 문을 여는 열쇠이다.

제3장

향수의
노트별 특징과
향수의 종류

향수의 노트별 특징과 향수의 종류

1. 향수의 노트별 특징과 부향률

1) 향수의 노트

19세기 영국의 조향사 피쎄는 향을 음악의 음표처럼 분류함으로써 향수 제조에 새로운 접근을 시도했다. 음악이 여러 음표의 조화로 완성되듯, 향수 또한 다양한 향이 어우러져 하나의 조화를 이룬다고 생각했다. 이러한 관점에서 조향에서는 '노트'라는 용어를 사용했으며 각각의 향은 전체 향기의 구성 속에서 저마다의 역할을 담당한다고 했다.

즉, '노트'란 향에 대한 후각적 인상, 다시 말해 향에서 느껴지는 분위기나 감각적 이미지라고 할 수 있다. 이 노트들은 발향되는 순서에 따라 탑 노트(Top Note), 미들 노트(Middle Note), 베이스 노트(Base Note)로 구분되며, 향의 시작부터 끝까지 시간의 흐름에 따라 단계적으로 펼쳐진다.

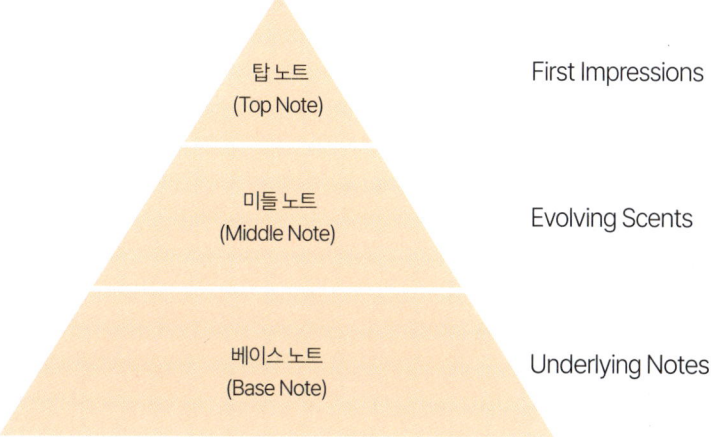

이러한 향의 변화는 향수를 피부에 뿌린 후 시간이 지남에 따라 점차 달라지는 향의 특성과도 연결된다. 하나의 향수는 다양한 향료로 조합되며, 각 향료는 휘발되는 속도가 달라 탑 노트, 미들 노트, 베이스 노트 순으로 차례로 드러난다. 여기에 습도, 온도, 체온, 체취 같은 외부 요인까지 더해져 향의 인상은 끊임없이 변화한다.

각 노트의 지속시간은 향료의 휘발성과 분자구조에 따라 달라지며 일반적으로 아래와 같이 분류된다.

노트별	지속 시간	특징	향료의 예
Top Note 탑 노트	30분	• 향기의 첫인상을 이루는 노트 • 휘발성이 높아 공기중으로 빠르게 퍼지며 10분 전후의 맡아지는 향 • 상큼하고 청량한 시트러스 계열	베르가못 레몬, 라임, 자임, 만다린, 유칼립투스, 클로브, 레몬그라스 등
Middle Note 미들 노트	4-8시간	• 향기의 중심을 이루는 노트 • 향수의 성격과 분위기를 본격적으로 드러내는 단계 • 향기가 감정적으로 연결되고 향기의 정체성을 만들어 냄 • 사용자에게 기억되는 향기로 자리잡음	주니퍼베리, 라벤더, 제라늄, 마조람, 로즈 마리
Base Note 베이스 노트	4-24시간	• 향기의 깊이를 완성하는 노트 • 향수의 지속력과 깊이를 결정짓는 핵심 요소 • 기초를 단단히 받쳐주는 뿌리와 같음 • 본인의 체취와 어우러져 시간이 지나면서 사람마다 다른 느낌을 받게 함	프랑킨센스, 샌달우드, 패출리, 미르 시더우드, 자스민 등

<향수의 발향 단계>

2. 부향률

'부향(賦香)'은 향을 배합하고 분배하는 행위를 의미하며, '부향률'은 향수나 화장품 등에 전체 용량 중 향료가 차지하는 비율을 뜻한다. 일반적으로 부향률이 높을수록 향이 더 진하고 오래 지속되며, 이는 향기의 강도와 지속성을 가늠하는 중요한 지표가 되며 그 향이 우리에게 남기는 감정의 여운도 다르게 느껴진다.

특히 향수에서는 부향률이 피부 위에 머무는 시간, 즉 향이 얼마나 오래 남는지를 결정짓는 가장 핵심적인 요소 중 하나이다. 같은 향이라도 부향률에 따라 잔향의 깊이와 여운이 달라지기에, 조향에 있어 비율의 조정은 섬세한 작업이고 그 향의 지속력을 결정짓는 핵심 요소라는 걸 기억해야 한다.

향수를 만들 때는 향료뿐 아니라 알코올과 물의 조화도 중요하다. 일반적으로 95% 변성알코올에 정제수를 더해 알코올 특유의 날카로움을 부드럽게 희석시키는데, 이 비율은 정해진 공식이 아니라 사용되는 향료의 종류와 양, 그리고 담고 싶은 감정과 이미지에 따라 달라진다.

부향률이 높을수록 향은 더 진하고 오래 지속되지만, 그만큼 향료의 양이 많아져 가격이 오르고 향의 전개 방식도 달라진다. 그래서 같은 향조라도 어떤 제품은 부드럽게, 또 어떤 제품은 강렬하게 느껴질 수 있다.

결국 향수는 단순한 원료의 조합이 아니라, 향이 전하고 싶은 감정을 섬세하게 조율하는 예술적 작업이다.

1) 향수의 종류

향수는 다양한 기준에 의해 여러 종류로 구분되는데 그 중 가장 기본적인 기준은 향료의 양이다. 향료가 얼마나 들어 있는가에 따라 향수의 농도와 지속력이 달라지고, 그에 따라 향수의 종류가 나뉘어진다. 이 부향률의 차이에 따라 향수는 보통 아래와 같은 이름으로 나뉜다.

파르팽(Parfum)

파르팽은 향수의 여러 종류 중에서도 가장 향료 농도가 높은 고농축 향수이다. 전체 용량 중 향료가 약 20~30% 이상 포함되어 있으며, 향수 중에서 향이 가장 진하고 오래 지속되는 형태이다.

한 번의 사용만으로도 5시간에서 길게는 7시간 이상 향이 유지되며, 피부의 온도와 체취에 따라 섬세하고도 깊이 있는 향의 변화를 느낄 수 있다.

오 드 파르팽(Eau de Parfum)

오 드 파르팽은 향수의 여러 종류 중에서 향의 지속력과 부드러운 존재감 사이에서 균형을 이루는 향수이다.

전체 용량 중 향료가 약 10~20% 포함되어 있으며, 진하면서도 일상 속에서 자연스럽게 녹아드는 향의 농도를 지녔다.

한 번 사용하면 보통 4시간에서 5시간 이상 향이 지속되며, 시간이 지날수록 탑노트에서 미들노트, 베이스노트로 이어지는 향의 흐름과 감정의 여운을 부드럽게 느낄 수 있는 향수이다.

오 드 뚜왈렛 (Eau de Toilette)

오 드 뚜왈렛은 향수 중에서도 가볍고 경쾌한 인상을 주는 타입이다. 전체 용량 중 향료가 약 5~10% 포함되어 있으며, 부담 없이 사용할 수 있는 일상적인 향수로 널리 사랑받고 있다.

한 번 사용하면 약 3~4시간 정도 향이 지속되며, 탑노트의 산뜻함이 중심이 되는 구조로, 짧은 시간 안에 기분을 전환해주고 가볍게 감정을 환기시키는 향으로 작용한다.

오 드 콜론(Eau de Cologne)

오 드 콜론은 향수의 종류 중 가장 가볍고 시원한 인상을 주는 타입이다. 전체 용량 중 향료의 함량이 약 2~5% 정도로 낮아, 짧은 시간 안에 빠르게 퍼지고 쉽게 사라지는 산뜻한 향이 특징이다.

한 번 뿌리면 약 1~2시간 정도 향이 유지되며, 탑노트의 상큼한 시트러스 계열 향이 주를 이루어 피곤한 일상에 가볍고 경쾌한 리듬을 불어넣어 주는 향수로 잘 어울린다.

샤워 콜론(Shower Cologne)

샤워 콜론은 향수 중에서도 가장 연하고 산뜻한 농도의 향수이다. 전체 용량 중 향료의 함량은 1~2% 이하로, 향보다는 기분 전환용 바디미스트처럼 사용할 수 있는 제품에 가깝다.

향은 보통 30분에서 1시간 정도로 짧게 머무르며, 샤워 직후나 외출 전, 또는 활동 중간에 가볍고 시원한 느낌을 전해주는 용도로 많이 사용된다

향수의 종류를 구분하는 부향률의 차이는 단순히 향의 지속 시간만을 의미하지 않는다. 그것은 향을 어떤 방식으로 즐기고, 향기를 통해 어떤 감정과 순간을 경험하고자 하는지에 대한 것이다.

진하고 깊은 여운을 남기고 싶다면 파르팽처럼 고농도의 향수를 선택할 수 있으며, 가볍고 산뜻한 하루를 보내고 싶다면 오 드 뚜왈렛이나 샤워 콜론처럼 부드러운 향을 고르는 것도 좋은 방법이다.

가장 중요한 것은 자신의 감정, 라이프스타일, 그리고 그날의 분위기와 어울리는 향을 섬세하게 선택하는 일이다. 향수는 단순히 좋은 향기를 입는 것이 아니라, 나를 표현하고 감정을 드러내는 또 하나의 언어이기 때문이다.

제4장

천연 향료

천연 향료

1. 천연향료란

우리가 흔히 '에센셜 오일'이라 부르는 천연 향료는 자연계의 식물이나 동물에서 향기 성분을 추출해 농축한 것이다. 추출되는 원료에 따라 식물성 향료와 동물성 향료로 나뉘며, 이들은 각각 고유한 향의 특성과 작용을 지닌다.

이처럼 향료화된 천연 성분은 다양한 화학 물질의 복합체로 구성되어 있어, 시간이 흐름에 따라 향의 인상도 점차 변화하는 특징을 보인다.

또한 천연 향료는 자연에서 유래한 만큼, 수확 시기나 기후, 재배지의 환경, 채집 시점 등에 따라 향의 품질과 향조가 달라질 수 있다. 이러한 미묘한 차이는 천연 향이 지닌 고유성과 예민한 감각적 아름다움을 보여주는 요소이기도 하다.

1) 천연향의 추출방법

천연 향료는 원재료에 따라 다양한 방식으로 추출된다. 각각의 식물이나 동물성 원료가 지닌 특성과 향 성분의 안정성, 휘발성 등에 따라 적절한 추출법이 선택된다. 다음은 대표적인 천연향의 추출 방법들이다.

(1) 수증기 증류법

이 증류법은 가장 오래되고 널리 사용되는 천연 향 추출 방법 중 하나로, 오늘날까지도 아로마테라피와 향수 제조 분야에서 기본적인 공정으로 자리 잡고 있다. 이 방법은 주로 식물의 꽃, 잎, 줄기, 씨앗, 뿌리, 나무껍질 등에서 향을 얻을 때 사용된다.

추출 과정은 다음과 같다.

먼저, 향을 포함한 식물 원료를 물이나 수증기와 함께 밀폐된 증류 기구에 넣고 가열한다. 이때 발생하는 열로 인해 식물 속 휘발성 향 성분이 기화되면, 수증기와 함께 증류관을 통해 이동하게 된다. 이후 냉각 장치를 지나며 기화된 성분은 다시 액체 상태로 응축되고, 이 액체는 오일층과 수층으로 분리된다. 여기서 상층에 떠오른 것이 바로 '에센셜 오일'이며, 하층의 수용성 물질은 '플로럴 워터' 또는 '하이드로졸'로 불린다.

이 방식의 특징은 열을 사용하되 상대적으로 낮은 온도에서 향 성분을 추출할 수 있어, 식물 고유의 향기 성분을 비교적 잘 보존할 수 있다는 점이다. 다만, 열과 수분에 민감한 식물의 경우 향이 손상되거나 변형될 수 있어 주의가 필요하다.

대표적으로 라벤더, 유칼립투스, 로즈마리, 페퍼민트, 티트리 등 휘발성 오일 함량이 높은 식물들이 증류법을 통해 추출된다.

한편, 이 과정을 통해 함께 얻어지는 하이드로졸은 순한 향과 약한 항균 특성을 지녀, 아로마 미스트나 스킨토너 등 피부에 직접 적용하는 제품의 원료로도 널리 활용된다.

(2) 압착법

압착법은 주로 감귤류 과일의 껍질에서 향을 추출할 때 사용되는 전통적인 방식이다. 열을 가하지 않고 물리적인 압력을 이용해 향 성분을 짜내는 방식이기 때문에, '냉압착' 또는 '기계 압착'이라고도 불린다.

이 방법은 주로 오렌지, 레몬, 라임, 자몽, 베르가못 등 시트러스 계열의 과일에서 사용된다. 감귤류의 껍질 표면에는 작은 기름 주머니가 존재하는데, 이 안에 휘발성 향 성분이 농축되어 있다. 압착법은 이러한 껍질을 기계로 압착하거나 원심분리하여 오일 주머니를 터뜨리고, 그 안의 향기 성분을 추출하는 방식이다.

추출 과정은 대체로 다음과 같다.

감귤류 껍질을 기계적 회전판이나 압착 롤러에 밀어 넣으면, 껍질의 외피가 찢어지면서 오일 주머니가 터지고, 동시에 향기 성분이 분리되어 나온다. 이때 과일의 즙이나 잔여물과 섞인 혼합물을 필터링 및 원심분리 과정을 거쳐 불순물을 제거하고 순수한 에센셜 오일을 얻는다.

압착법의 가장 큰 장점은 열을 가하지 않기 때문에 열에 민감한 향 성분이 파괴되지 않고, 원재료 고유의 상큼하고 신선한 향을 그대로 유지할 수 있다는 점이다. 그러나 산패가 빠르고 보관이 까다로운 단점도 있어, 품질 유지를 위한 적절한 보관 조건이 중요하다.

압착법으로 얻은 오일은 흔히 '콜드 프레스 오일'이라고 불리며, 레몬 오일, 오렌지 오일, 자몽 오일, 베르가못 오일 등이 대표적이다. 이들 향은 에너지를 끌어올리고, 기분을 환기시키며, 집중력 향상에 도움을 주는 정서적 효능을 지녀 향수나 방향제, 아로마테라피용 블렌딩 오일에 자주 활용된다.

(3) 용매 추출법

용매 추출법은 섬세하고 열에 약한 꽃이나 식물에서 향을 추출할 때 사용되는 정교한 방식이다. 로즈, 자스민처럼 향은 풍부하지만 수증기 증류에는 적합하지 않은 식물들에 주로 적용된다.

이 방법은 휘발성 유기 용매(예: 헥산, 에탄올 등)를 사용해 식물 속 향기 성분을 녹여낸 뒤, 여러 단계를 거쳐 순수한 향료 성분을 얻는 과정으로 이루어진다.

추출 과정은 다음과 같다.

우선, 잘게 썬 식물 재료를 스테인리스로 된 추출 용기에 넣고, 여기에 휘발성 유기 용매를 주입한다. 이 용매는 식물 조직 속의 방향 성분분 아니라 왁스, 색소, 지방질 등도 함께 용해시킨다. 이렇게 생성된 점성 있는 물질을 '콘크리트'라고 한다.

다음 단계에서는 이 콘크리트를 다시 알코올에 녹인 후 냉각시키면, 왁스와 불필요한 성분은 분리되고 향 성분만 알코올에 남는다. 알코올을 증발시키면 순수한 향기 성분만 남게 되며, 이를 '앱솔루트'라고 부른다. 이 앱솔루트는 에센셜 오일과는 또 다른 방식으로 고농도의 향을 담아낸 고급 향료다.

용매 추출법의 가장 큰 장점은 열에 민감한 향을 손상 없이 정밀하게 추출할 수 있다는 점이다. 특히 로즈나 자스민처럼 낮은 온도에서도 향이 쉽게 휘발되거나 파괴되는 원료는 이 방법이 거의 유일한 대안이다.

단, 화학 용매를 사용하기 때문에 식품이나 민감한 피부에 직접 사용하는 데에는 신중함이 필요하며, 반드시 잔여 용매가 완전히 제거된 고순도 향료만을 사용하는 것이 중요하다.

이렇게 얻어진 앱솔루트는 향수, 고급 화장품, 감정 향수 등에서 사용되며, 극소량으로도 섬세하고 풍부한 향의 깊이를 만들어 낸다.

(4) 천연향의 종류와 특징

천연 에센셜 오일은 수백 가지 이상 존재하며, 그 향은 일상에서 쉽게 접할 수 있는 친숙한 향부터, 고급스럽고 희귀하여 구하기 어려운 향까지 매우 다양하다. 이러한 향은 개인의 경험이나 상황에 따라 인식 방식도 달라지며, 향에 대한 취향 역시 사람마다 크게 다를 수 있다.

본 글에서는 대표적인 천연 향료들을 향의 계열별로 분류하여 소개하고자 한다. 다만 향의 노트 분류는 브랜드나 조향사의 해석에 따라 약간의 차이가 있을 수 있으며, 일부 향은 특정 노트에 명확히 속하지 않고 여러 노트의 특성을 동시에 지니는 경우도 있어, 이를 감안하고 참고하는 것이 바람직하다.

천연향의 종류	추출 부위	향취
(Agrestic / Herbal Note)	주로 허브계열의 식물에서 추출된 향료로 구성	- 풋풋하고 생기 있는 향, 약간의 쌉싸름함과 쿨한 감각, 우디하고 흙내음이 감도는 느낌 - 전통적인 약초향과 약간의 스파이시함 - 깔끔하고 가볍지만 깊이감 있는 잔향
플로럴 노트 (Floral Note)	주로 꽃에서 추출된 향료로 구성	- 우아하고 부드러운 꽃향 - 달콤하고 풍부한 페미닌함 - 산뜻하고 자연스러운 꽃밭을 걷는 듯한 느낌 - 은은하면서도 존재감 있는 향기 - 계절에 따라 다르게 느껴지는 감성적 변주처럼 감정에 직접적으로 작용하며, 로맨틱하고 감성적인 분위기를 자아냄
우디 노트 (Woody Note)	나무, 수지, 뿌리 등에서 추출된 향료로 구성	- 따뜻하고 안정적인 나무 향 - 약간의 스모키함과 묵직함 - 짙은 흙내음과 자연의 깊은 기운 - 잔잔하면서도 무게감 있는 잔향 - 가을 숲 속을 거니는 듯한 고요함으로 감정의 중심을 잡아주는 향조
시트러스 노트 (Citrus Note)	오렌지, 레몬, 자몽 등 감귤류 과일 껍질에서 추출	- 상큼하고 발랄한 감귤류 향기 - 산뜻하게 퍼지는 청량감 - 짧고 강하게 터지는 첫인상 - 가볍고 쾌활한 분위기 연출 - 무거움을 덜어주는 기분 전환 효과처럼 에너지를 높이고 기분을 상쾌하게 만들어 줌
오리엔탈 노트 (Oriental Note)	스파이스, 수지, 바닐라, 머스크 등으로 구성된 관능적 향조	- 짙고 따뜻한 관능미, 이국적인 향신료의 매혹적인 복합감 - 부드럽고 묵직한 단향(甘香) - 감정을 유혹하고 자극하는 강렬함 - 겨울 밤처럼 깊고 따뜻한 무드로, 자신감과 고혹미를 드러내는 향조
프루티 노트 (Fruity Note)	복숭아, 베리, 사과, 멜론 등의 과일 향료로 구성	- 달콤하고 통통 튀는 과일 향 - 톡 쏘는 상큼함과 유쾌한 리듬 - 밝고 젊은 감성의 표현 - 가볍고 사랑스러운 분위기 - 플로럴이나 시트러스와도 잘 어우러짐으로 일상 속 활력을 주는 향조

아니스 노트 (Anise Note)	아니스, 스타 아니스, 펜넬 등의 식물에서 추출된 향료로 구성됨	- 달콤하면서도 알싸한 느낌의 독특한 허브향 - 감초와 유사한 향, 차갑고 청량한 인상 - 가볍고 상쾌하지만 은근한 잔향이 오래 남음
앰버 / 발삼 노트 (Amber / Balsam Note)	발삼, 벤조인, 바닐라 등을 조합해 만든 따뜻하고 묵직한 향조	- 따뜻하고 부드러운 달콤함 - 약간의 스파이시함과 스모키함 - 감성적이고 포근한 느낌을 주며, 고급스러운 분위기 연출 - 깊고 오래 지속되는 관능적 잔향
미트랄 노트 (Mitral Note)	주로 중성적이고 세련된 허브나 우디향을 중심으로 한 복합향	- 미묘한 시트러스 향과 함께 부드러운 우디한 향 - 깔끔하고 정제된 인상을 주며 젠더 뉴트럴한 향조로 자주 사용됨 - 섬세하게 퍼지는 은은한 클린향
파인 노트 (Pine Note)	소나무, 전나무 등의 침엽수에서 추출된 향 료로 구성됨	- 상쾌하고 청명한 숲의 향기 - 맑고 시원한 느낌, 자연과 연결되는 정화된 인상 - 가벼우면서도 지속적으로 퍼지는 자연의 깨끗한 느낌의 향
쿠마린 노트 (Coumarin Note)	통가빈(tonka bean) 에서 추출되며, 인공적으로 합성되기도 함	- 부드럽고 달콤한 풀 내음, 약간의 시나몬 또는 아몬드 향 포함 - 포근하면서도 파우더리한 느낌을 주며 안정감을 유도함 - 달콤하고 따뜻한 잔향이 오래 지속됨
민트 노트 (Mint Note)	페퍼민트, 스피어민트 등 다양한 민트 계열 식물에서 추출됨	- 강하고 청량한 박하향 - 즉각적으로 기분을 상쾌하게 하고 집중력을 깨움 - 시원하고 깔끔한 잔향, 피로감을 덜어줌
모스 노트 (Moss Note)	말려서 발효된 잎이나 이끼에서 추출됨	- 촉촉한 숲의 흙내음, 이끼가 깔린 대지의 향 - 차분하고 안정적이며 고요한 분위기 연출 - 무게감 있고 잔잔한 여운을 남김
스파이시 노트 (Spicy Note)	시나몬, 정향, 넛맥, 페퍼 등 향신료에서 추출된 향료로 구성됨	- 따뜻하고 알싸한 향, 때로는 단맛과 매운맛이 함께 느껴짐 - 감각을 깨우고 열정을 자극하는 활력 있는 향조 - 은은하면서도 독특한 스파이시함이 지속됨
바닐라 노트 (Vanilla Note)	바닐라빈에서 추출하거나 바닐린으로 합성됨	- 부드럽고 달콤하며 고소한 향 - 포근함과 안정감, 감성적인 부드러움을 유도함 - 따뜻하게 감도는 긴 여운, 다른 향과의 블렌딩에 유리함

제5장

향수 만들기

향수 만들기에 앞서

1. 향수 만들기에 앞서

첫 번째, 신뢰할 수 있는 품질의 향을 사용하는 것이 중요하다.

향 산업이 확장되면서 시중에는 다양한 종류의 천연향과 합성향이 유통되고 있다. 하지만 유통되는 모든 제품이 누구나 안전하게 사용할 수 있는 좋은 품질은 아니며, 향의 핵심 노트에 관한 설명마저 왜곡되어 나온 제품도 존재한다. 같은 천연 향료라도 품질에 따라 향의 느낌은 큰 차이를 보인다. 좋은 향수를 만들려면 안정성이 확보된 믿을만한 거래처에서 제대로 된 향료 재료를 사용하는 것에서부터 시작해야 한다.

두 번째, 블렌딩 하기 어려운 향을 다룰 때는 전문가와 상의해 보는 것을 권한다.

향은 감각의 언어다. 사람마다 향에 대한 기억과 감정, 이미지가 다르기 때문에 향의 표현은 매우 주관적일 수 밖에 없다. 하지만 동시에, 향을 다른 사람과 공유하고 설명하려면 주관적인 감각을 객관적인 언어로 바꾸는 과정이 필요하다. 그래서 이러한 작업을 할 때는 숙달된 전문가의 의견을 참고하는 것이 도움이 된다.

에센셜 오일 고를 때 체크리스트

1. 원산지, 유기농 인증여부, 추출부위 및 제조 공정을 충분히 살펴본다.
2. 100% 순수 에센셜 오일인지 확인하고, 합성 향료나 보존제가 함유된 제품은 사용을 권장하지 않는다.
3. 빛과 공기에 민감하므로, 갈색 유리병 등 차광용기에 담긴 제품을 사용한다.
4. 제조 및 유통기한이 명확히 표기된 신뢰할 수 있는 정품을 구입한다.
5. 시향할 때는 강하지 않고 자연스러운 향을 고르는 것이 좋다.

사용시 주의 사항

1. 에센셜 오일 병은 흔들지 말고 살짝 기울여 한 방울씩 떨어뜨려 사용한다.(1방울의 기준 양은 약 0.03~0.05 ㎖이다.)
2. 캐리어 오일(예: 호호바오일, 코코넛오일, 식물성에탄올 등)에 희석하여 사용하고, 직접 바를 땐 피부 반응을 고려한다.
3. 민감한 피부에 알레르기 반응이 걱정된다면, 사용 전 소량으로 패치 테스트를 꼭 해본다.
4. 아기·노인·임산부는 사용할 수 있는 오일 종류가 제한되어 있으니 반드시 전문가와 상담한다.
5. 향에 익숙해지면 체감이 달라질 수 있어, 레시피는 1-2개월 간격으로 블렌딩 비율을 조정해 보는 것이 좋다.
6. 일부 오일은 자외선에 반응해 피부 트러블을 유발할 수 있으므로 낮에 사용 시 주의가 필요하다.
7. 눈, 코, 귀 등 자극이 강할 수 있는 부위는 피하고, 눈에 들어가지 않도록 조심한다.

에센셜 오일의 보관법

1. 직사광선과 습기를 피하고, 냉장 또는 서늘한 곳에 보관한다.
2. 오일은 종류마다 보존기간이 다르나, 개봉 후 6개월에서 최대 2년 내 사용을 권장
   한다.
3. 어린이들이 손이 닿지 않는 안전한 장소에 보관한다.
4. 캐리어 오일에 희석한 블렌드는 품질 유지를 위해 1-2개월 안에 사용하는 것이 바
   람직하다.
5. 냄새나 색상이 변질되었을 경우 즉시 사용을 중단하고 폐기한다.
6. 오일은 가연성이 있으므로 화기 근처에 보관하지 않는다.

후각 깨우기 연습

우리는 눈으로 보고, 귀로 듣고, 손으로 만지며 세상을 이해한다고 믿는다. 그러나 때때로 마음을 가장 먼저 흔드는 건, 눈에 보이지 않고 손에 잡히지 않는 어떤 향기이다. 우리는 냄새를 '맡는다'고 표현하지만, 어쩌면 더 정확한 표현은 '느낀다' 일 것이다. 향은 우리의 감정 상태에 따라 다르게 인식되며, 그 여운은 기억과 감정을 자극해 마음 깊은 곳까지 영향을 미친다.

향은 단순한 후각 자극을 넘어, 잊고 지냈던 감정을 다시 느끼게 하고, 상실된 감각과 연결을 회복시키며, 사신의 내면과 깊이 마주하게 하는 강력한 심리적 매개체다. 향을 통해 후각을 깨운다는 것은 억눌리거나 잠재된 감정을 다시 마주하고, 정서적 감수성을 회복하는 과정이다. 이 과정을 통해 우리는 과거를 떠올리고, 현재를 정돈하며, 미래를 상상할 수 있다. 일상 속에서 이러한 감각을 일깨우는 실천으로, 향수 만들기를 제안한다.

향수 만들기는 단순한 취미 활동을 넘어, 나만의 감정과 취향, 기억을 향 안에 담아내는 자기 탐색의 과정이다. 조향을 하며 우리는 자신이 무엇을 좋아하는지, 어떤 향기에 끌리는지를 느끼고, 그 감각을 언어화하며 내면과의 대화를 시작하게 된다. 이는 심리 상담에서 말하는 '감정 라벨링'과 유사한 작용을 한다.

특정 향을 고르고, 블렌딩하고, 향을 맡는 순간, 억눌렸던 기억이나 감정, 상처로 남은 과거의 장면이 되살아나기도 한다. 향은 말보다 빠르게 무의식을 자극하고, 부드럽게 마주하게 하기 때문이다. 바로 그 지점에서 치유가 시작된다. 향수 한 병은 단지 좋은 향의 조합이 아니라, 감정의 초상이며, 감각으로 기록된 마음의 일기장이라 볼 수 있다.

특히 조향 과정은 '지금 이 순간'에 몰입하게 만들어, 불안하거나 감정이 복잡할 때 심리적 안정감을 주는 유용한 도구가 된다. 손끝으로 작은 병을 잡고, 에센셜 오일을 한 방울씩 떨어뜨리는 그 순간마다, 향기를 매개로 자신을 돌보고 다독이는 섬세한 시간이 차곡차곡 쌓여간다.

1. 후각 깨우기란 무엇인가

후각 깨우기는 향기를 의식적으로 인식하고 구별하며 감정적으로 반응하는 과정을 반복함으로써, 후각 기능은 물론 심리적 감수성을 회복하고 강화시키는 감각 훈련이다. 이는 단순한 후각 자극을 넘어서, 감정 조절, 기억 회상, 인지 기능 개선, 자율신경계 안정까지 긍정적 영향을 미친다.

이러한 후각의 회복이 정서에 미치는 긍정적 반응은 과학적으로도 입증되고 있다.

히라야마 노리아키는 『향의 과학』에서 향기 자극이 자율신경계에 즉각적인 반응을 일으키며, 이는 곧 감정의 변화로 이어진다고 설명한다. 예를 들어, 라벤더는 심박수를 낮추고 긴장을 완화시키며, 자몽은 에너지를 북돋우고 우울한 감정을 누그러뜨린다. 샌달우드는 마음의 중심을 잡아주며, 깊은 사유의 상태로 이끈다.

이처럼 꽃, 과일, 허브, 나무 등에서 추출한 아로마는 감정의 스펙트럼을 섬세하게 자극하며, 우리가 자신의 감정 지도를 보다 정교하게 인식하고 탐색할 수 있도록 돕는다. 나아가, 이러한 향기 자극이 단지 정서적인 차원에 그치지 않고, 뇌 신경계에도 실질적인 변화를 일으킨다는 점에서 후각 훈련은 보다 깊은 회복과 치유의 가능성을 내포하고 있다.

『감각을 깨우는 후각 훈련』에서는 특히 향기 자극이 신경 가소성에 미치는 영향을 강조한다. 반복적인 후각 자극은 뇌의 후각피질과 연관된 신경회로를 활성화시키며, 침체된 신경 경로를 다시 연결할 수 있는 가능성을 보여준다.

이는 후각 기능이 저하된 이들뿐 아니라, 감정의 흐름이 둔화되었거나 일상 속 기쁨을 상실한 사람들에게도 후각 훈련이 하나의 유효한 회복 통로가 될 수 있음을 시사한다.

2. 후각을 어떻게 깨울 것인가?

무엇보다 중요한 것은 향이 불러일으키는 감정과의 '연결'을 의식하는 일이다. 감정에 따라 향을 선택하고 블렌딩한 뒤, 필요할 때마다 향수를 뿌리고 눈을 감은 채 천천히 심호흡하며 내면을 가라앉힌다. 그리고 향을 맡은 직후, 자신의 감각과 감정에 집중해본다. 머릿속에 떠오르는 이미지나 단어, 감정의 결을 있는 그대로 느껴보는 것이다. 그 인상이 명확하지 않아도 괜찮다. "익숙하다", "따뜻하다", "왠지 슬프다"와 같은 단편적인 느낌만으로도 충분하다. 이때 중요한 것은 향을 맡은 후, 그 순간 떠오르

는 감정이나 장면, 단어를 놓치지 말고 스스로에게 질문을 던지는 것이다. 이렇게 쌓여가는 감정적 메모들은 점차 우리를, 잊고 지냈던 내면의 감각 세계와 다시 연결해 줄 것이다.

이와 관련해, 베티나 파우제는 『냄새의 심리학』에서 후각이 다른 어떤 감각보다 감정과 기억을 직접적으로 자극한다고 설명한다. 이는 후각 신호가 대뇌 변연계, 특히 편도체와 해마로 곧바로 전달되기 때문이다. 그래서 우리는 종종 어떤 향기를 맡고 이유 없이 눈시울이 붉어지거나, 잊고 있던 기억이 문득 떠오르는 경험을 하게 된다. 후각은 감정을 깨우는 가장 원초적인 감각의 문이라 할 수 있다.

이때 중요한 것은 향을 맡은 후, 그 순간 떠오르는 감정이나 장면, 단어를 놓치지 말고 스스로에게 질문을 던지는 것이다.

"이 향수를 맡아보니 어떤 기분이 들지?", "이 향은 어떤 기억을 떠올리게 하지?"

이와 같은 질문을 반복하는 과정이야말로 후각을 깨우는 데 있어 핵심적인 실천이다. 이러한 접근법은 CHAPTER 7. 심리상담사가 처방하는 감정 향수에서 더욱 구체적으로 소개된다.

결국, 후각을 깨운다는 것은 단지 코로 향을 맡는 행위에 그치지 않는다. 그것은 향기를 통해 나의 감정을 인식하고, 잊고 지냈던 기억을 불러내며, 지금 이 순간의 나를 온전히 느끼는 일이다. 이는 향이라는 감각의 매개체를 통해 억눌리거나 잠재된 내면의 목소리에 조용히 귀 기울이는 깊은 자기 돌봄의 시간이다.

우리는 일상 속에서 수많은 감정을 겪지만, 그것을 제대로 느끼고 표현하는 데 익숙하지 않다. 그러나 향은 말보다 먼저 다가와 마음속 깊은 감정을 알아차리게 해주며, 때로는 그 감정을 부드럽게 품고 흘려보낼 수 있도록 이끈다. 작은 향수병 안에 담긴 향기는 '지금의 나'를 온전히 껴안게 해주는 조용하고도 깊은 위로가 된다.

이제 당신의 코끝에 머무는 향에 잠시 집중해 보자. 그것은 단순한 냄새가 아니라, 당신 안에 머물러 있던 감정의 한 조각일지도 모른다. 향을 맡는 그 짧은 순간, 당신은 과거와 연결되고, 현재를 마주하며, 미래를 상상할 수 있는 정서적 가능성의 문 앞에 서게 될 것이다.

후각을 깨우는 이 여정은 곧 감정과 삶을 다시 살아내는 법을 배우는 길이다. 향기는 늘 그 자리에 있다. 우리가 스스로를 다시 느끼기로 선택하는 순간, 향은 조용히 그 길을 열어줄 것이다. 그리고 마침내, 향을 통해 되찾은 감정의 언어는 당신만의 이야기를 다시 써 내려갈 수 있는 내면의 힘이 되어줄 것이다.

감정 회복을 위한 후각 깨우기 실천적 연습

후각을 깨우기 위한 가장 기본적이면서도 효과적인 방법 중 하나는, 매일 일정한 시간에 향을 맡는 훈련을 지속하는 것이다. 예를 들면 라벤더, 유칼립투스, 레몬, 베티버 등을 준비해 조향한 다음 아침저녁으로 집중해서 향기를 맡는 연습을 2주간 지속하고, 더 나아가 최소 6개월 이상 습관화하면 뚜렷한 변화가 나타난다.

이 훈련의 핵심은 단순히 향을 맡는 데에 그치지 않고, 매 순간 최대한 집중하여 향기를 '느끼는' 것이다. 향을 맡는 동안 떠오르는 감정, 이미지, 몸의 반응에 주의를 기울이며 감각을 열어두는 것이 중요하다. 이러한 반복적 자극은 후각 세포를 자극하고, 뇌의 후각피질과 감정 중추인 변연계를 활성화시켜 뇌 구조에도 긍정적인 변화를 불러온다.

흥미로운 점은, 특정 향에 반복적으로 노출되더라도 단지 그 향기에만 익숙해지는 것이 아니라, 전반적인 후각 감도가 향상된다는 것이다. 새로운 향을 받아들이는 유연성이 높아지고, 감정적으로도 더 섬세하게 반응하게 된다. 이는 마치 후각 세포가 자극을 통해 다시 깨어나는 것과도 같다.

후각 전문가들은 어떤 향이 훈련에 가장 적합한지 명확히 밝혀내진 못했지만, 다양한 종류의 향을 고루 경험하는 것이 후각 수용체를 폭넓게 자극할 수 있다는 점에서 여러 향을 교차 사용하기를 권장한다. 특히 서로 성질이 다른 향 네 가지 이상을 선택해 집중 훈련할 경우, 각각의 후각 경로가 고루 자극되어 전반적인 감각 민감도가 향상된다.

6개월 이상 꾸준히 이 훈련을 실천하면, 어느 순간 후각이 예민해졌음을 스스로 체감하게 될 것이다. 그리고 흥미롭게도, 후각이 회복되면 미각 또한 자연스럽게 예민해진다. 후각과 미각은 서로 깊은 관련을 맺고 있기 때문이다. 이처럼 단순한 향기 훈련이 삶의 감각 전체를 일깨우는 변화를 만들어낼 수 있다.

감정조향실습지

사용한 에센셜 오일 또는 향료의 종류, 방울수, 비율,
노트(탑/미들/베이스)등을 정확히 기록하여 같은 향을
다시 만들거나 수정 응용할 수 있도록 도와준다.

커피

후각을 일시적으로 중화 리셋시켜
다음 향을 더 정확히 감별할 수 있게 도와준다.

향수라벨지

향수의 이름, 테마, 콘셉트를 명확히 드러내며,
블렌딩한 향의 느낌과 메시지를 시각적으로 전달한다.

향수
만들기
도구

롤온병 10ml

캐리어 오일을 베이스로 사용하는
향수를 만들 때 적합한 용기이다.

저울

에센셜 오일, 베이스(캐리어 오일, 향수 베이스등)의
정확한 측정을 위해 필요하다.

향수 베이스

향수 베이스는 향을 부드럽게 확산시키고
지속력을 높이며, 자극을 줄여
피부에 안전하게 사용할 수 있게 한다.

향수공병

빛, 공기, 온도로부터 향료가 변질되지 않도록
차광성 밀폐성 있는 병이 필요하다.

캐리어 오일

알코올을 쓰지 않는 향수 제조시
베이스로 사용된다. 분사형 향수가
아닌 몸에 바르는 형태의 향수를
만들때 향수 베이스로 사용된다.

시향지

탑노트, 미들노트, 베이스노트까지
시간의 흐름에 따라 향이 어떻게
변화하는지를 단계적으로 확인할 수
있는 도구이다.

비커 50ml

에센셜 오일, 향수 베이스, 캐리어 오일 등을
비율에 맞게 섞는 용기로 사용한다.

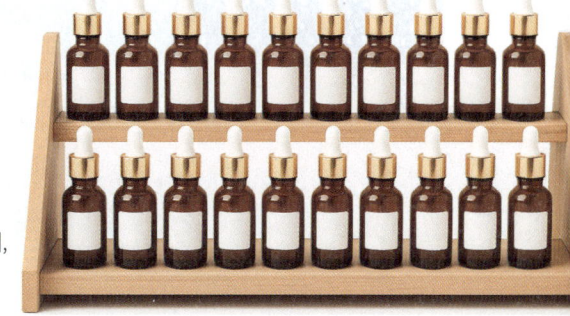

시향대

여러 장의 시향지를 고정 및 정리할 수 있으며,
블렌딩할 때 여러 향을 비교하기 용이하다.

유리막대

향료와 베이스를 혼합하기 위해 사용된다.
공기 유입을 최소화하여 향이 안정적으로 유지된다.

스테인레스 깔대기

소형 향수 공병에 원료를 깔끔하게
옮길 수 있도록 도와주고 변형 위험이 적어
장기적으로 사용가능하다.

향수 만들기 도구

장갑

제품의 청결도와 위생 상태를 유지할 수 있어
향의 퀄리티를 지킬 수 있다.

피펫(일회용 스포이드)

에센셜 오일 베이스 오일 등을 1방울 단위로
정밀하게 계량할 수 있게 해준다.

에센셜 오일

합성 향료에 비해 피부와 호흡기에 자극을 덜 주며,
식물 고유의 심리적, 정서적 효과를 함께 누릴 수 있다.

향수 만들기

1. 향수 베이스(알코올 베이스)로 향수 만들기

준비물

감정 처방에 따른 에센셜 오일, 95% 이상 무수 알코올 또는 향수 베이스, 유리 향수병(30ml 기준)

제작 순서

1. 유리 향수병을 무수 알코올로 세척 하여 말린다.

2. 세척한 유리 향수병에 7장을 참조하여 에센셜 오일을 떨어뜨린다.

3. 무수 알코올 또는 향수 베이스 넣고 잘 흔들어 섞는다.

4. 뚜껑을 닫고 서늘하고 어두운 곳에 하루 정도 숙성시킨다.

5. 숙성 시킨 후 사용한다.

6. 사용 전 충분히 흔들어서 사용한다.

2. 캐리어 오일 베이스로 향수 만들기 (롤온 타입에 적합)

준비물

감정 처방에 따른 에센셜 오일, 캐리어 오일(스위트 아몬드오일, 호호바오일, 코코넛오일,

해바라기씨오일 등, 갈색 롤온병(10ml 기준)

제작 순서

1. 10ml 롤온 용기를 무수 알코올로 세척 하여 말린다.

2. 세척한 10ml 롤온 용기에 7장을 참조하여 에센셜 오일을 떨어뜨린다.

3. 캐리어 오일을 적당량 채운다.

4. 뚜껑을 닫고 가볍게 흔들어 섞어준다.

5. 1일~일주일 숙성 시킨 후 사용하면 향이 더 부드럽다.

6. 사용 전 충분히 흔들어서 사용한다.

3. 주의사항

· 민감한 피부용 또는 어린이용은 1% 이하로 낮춘다.

· 견과 알르레기가 있는 경우 캐리어 오일 선택에 주의한다.

제6장

마음을 치유하는
에센셜 오일

그린만다린
Green Mandarin

학명: Citrus reticulata
추출 부위: 과피(껍질)
주요 산지: 브라질, 이탈리아, 미국
추출 방법: 냉압착법

주요 효능: 자율신경 조절, 항불안, 진정, 항경련, 장내 가스 제거, 혈액 순환 촉진, 항균, 항바이러스, 항산화, 소화 촉진, 피부 진정, 기분 전환, 면역력 강화

어떤 상황에 사용하면 좋을까?

순수하고 부드러운 감정 에너지를 회복시키는 오일이다.
상처받을까 봐 마음을 닫은 사람에게 새로운 가능성과 희망을 심어준다.
"다시 시작할 수 있어"라는 감정적 용기를 북돋우며, 의심 대신 신뢰를 회복하는 데 도움을 준다. 소심하거나 위축된 마음에 부드러운 활력을 불어넣는다.

향기 다이어리

그린만다린 향기를 맡고 난 뒤 향의 느낌은 어떤지 이 향기가 나에게 말해주는 메시지를 적어 보세요.

네롤리
Neroli

학명: Citrus aurantium,
추출 부위: 꽃
주요 산지: 인도네시아 중국, 모로코, 이탈리아, 프랑스
추출 방법: 수증기 증류법

주요 효능: 항우울, 신경 강화 , 재생과 진정, 억압된 감정 표현

어떤 상황에 사용하면 좋을까?

마음에 부드러운 위로를 건네는, '영혼의 꽃'이라 불리는 오일이다.
깊은 상실감, 슬픔, 외로움 속에서 마음이 점점 메말라갈 때, 이 오일은 감정의 결을 섬세하게 어루만지
며 "너는 다시 피어날 수 있어"라고 말해준다.
특히 사랑의 상처, 감정적 트라우마, 잃어버린 자기애를 치유하는 데 탁월하며, 예민하고 불안정한 감정을
부드럽게 진정시켜준다. 마음속 깊은 곳의 여성성과 감수성을 일깨우는 향기로, 감정이 무너져버렸을 때
스스로를 다시 따뜻하게 품을 수 있는 힘을 길러준다.

향기 다이어리

네롤리 향기를 맡고 난 뒤 향의 느낌은 어떤지 이 향기가 나에게 말해주는 메시지를 적어 보세요.

라벤더
Lavender

학명: Lavandula angustifolia
추출 부위: 꽃과 꽃대(꽃이 달린 끝부분)
주요 산지: 프랑스, 불가리아, 호주
추출 방법: 수증기 증류법

주요 효능: 항우울, 항불안, 항경련, 항균, 항염, 진정, 진통, 피부 재생, 벌레 물린데, 불면, 수면 개선, 생리통, 두통, 감기

어떤 상황에 사용하면 좋을까?

"에센셜 오일의 어머니"라 불리는 라벤더는 멈춤과 이완을 상징하는 오일이다.
과잉된 긴장과 경계 상태에 있는 심리를 부드럽게 풀어주며, "이제는 내려놓아도 괜찮다"는 안전함과 평화를 회복하게 한다. 감정과 신경계가 과부하되어 과열되었을 때, 라벤더는 그 열기를 식히고, 쉼과 회복으로 안내한다.

향기 다이어리

라벤더 향기를 맡고 난 뒤 향의 느낌은 어떤지 이 향기가 나에게 말해주는 메시지를 적어 보세요.

라임
Lime

학명: Citrus aurantifolia
추출 부위: 과피 (껍질)
주요 산지: 멕시코, 미국, 브라질
추출 방법: 냉압착

주요 효능: 피로 회복, 활력 강화, 소화 촉진, 위장 기능 향상, 면역력 강화, 항바이러스 및 항균작용, 피부정화작용, 호흡기 정화, 기침, 코막힘 완화, 림프 순환 촉진, 우울증 완화, 스트레스 해소

어떤 상황에 사용하면 좋을까?

마음에 생기를 불어넣고, 감정의 흐름을 맑게 정화해주는 오일이다
반복되는 무기력한 일상 속에서 이 오일은 신선한 바람처럼 다가와 지친 마음에 다시 웃을 수 있는 여유를 만들어 준다. 특히 자신을 억누르거나, 무거운 주변의 분위기로 감정 표현이 서투른 사람들에게 라임은 "지금, 이 순간을 가볍게 살아도 괜찮아"라고 속삭이며, 일상의 리듬을 경쾌하게 바꿔준다. 감정에 활기를 주고, 억눌린 에너지를 자연스럽게 풀어주는 데 효과적이다.

🌿 향기 다이어리

라임 향기를 맡고 난 뒤 향의 느낌은 어떤지 이 향기가 나에게 말해주는 메시지를 적어 보세요.

레몬
Lemon

학명: Citrus limon
추출 부위: 과피 (껍질)
주요 산지: 이탈리아, 스페인, 아르헨티나
추출 방법: 냉압착

주요 효능: 항우울, 항균, 항바이러스, 지혈, 결석 용해, 항류머티즘, 면역 강화, 집중력 향상, 림프 순환 촉진, 정화, 위장 기능 강화

어떤 상황에 사용하면 좋을까?

레몬 오일은 명료함과 마음의 환기를 상징하는 오일이다.
머릿속이 복잡하고 뿌옇게 흐려질 때, 레몬은 다시 맑고 선명한 사고로 이끌며, "나는 가볍게 선택해도 괜찮다"는 여유와 직관의 회복을 돕는다.
지나치게 진지해지고 이성적 판단에 매몰되어 감정과 단절된 상태에서, 마음을 열고 타인과 나 자신을 가볍게 바라보는 법을 일깨운다. 끊임없는 고민과 결정 장애, 또는 무기력 속에서 레몬은 생각의 흐름을 정돈하고, 현재에 집중할 수 있는 에너지와 명료함을 선물한다.

향기 다이어리

레몬 향기를 맡고 난 뒤 향의 느낌은 어떤지 이 향기가 나에게 말해주는 메시지를 적어 보세요.

레몬그라스 Lemongrass

학명: Cymbopogon citratus
추출 부위: 잎
주요산지: 베트남, 마다가스카르, 스리랑카, 인도네시아, 인도
추출방법: 수증기 증류법

주요효능: 진정, 진통, 항알레르기, 혈액 순환 촉진, 혈관 확장, 혈압 강하, 소화 촉진, 장내 가스제거, 항염증, 해열, 피부 수렴 작용, 항균, 항바이러스, 항진균, 곤충 퇴치 작용

어떤 상황에 사용하면 좋을까?

레몬그라스는 혼란스럽고 뒤죽박죽인 마음을 정리해주는 오일이다.
생각이 복잡하고 우울한 기분이 지속될 때, "선명하게 보고 명확히 결정하라"는 메시지를 전해준다.
감정적으로 치우쳐 있는 상황에서 이성적, 논리적 사고가 필요할 때, 우선순위를 세우고 정리하고 싶을 때, 정신적 정돈이 필요할 때 쓰면 도움이 되며, 마음의 혼탁을 씻어내고 명료함과 집중력을 회복하도록 이끈다.

향기 다이어리

레몬그라스 향기를 맡고 난 뒤 향의 느낌은 어떤지 이 향기가 나에게 말해주는 메시지를 적어 보세요.

로만 캐모마일
Roman Chamomile

학명: Chamaemelum nobile
추출 부위: 꽃
주요 산지: 영국, 프랑스, 모로코
추출 방법: 수증기 증류법

주요효능: 진통, 항염, 신경 안정 및 스트레스 완화, 불면증, 위장장애(복통, 소화불량) 생리통, 여성 관련 증상, 피부 염증, 가려움, 분노, 걱정 근심 완화

어떤 상황에 사용하면 좋을까?

마음을 다독이고 긴장을 풀어주는 '감정의 진정제' 같은 오일이다. 삶에서 이유 없이 밀려오는 불안, 두려움, 분노 같은 감정의 파도 속에서 중심을 잡지 못할 때, 이 오일은 조용한 안식처가 되어준다. "나는 안전하다", "지금 이 순간 괜찮다"는 감각을 되찾게 하며, 상처받은 내면의 아이를 부드럽게 감싸주는 듯한 위안을 전한다. 감정적으로 예민하거나, 사소한 일에도 상처받는 사람에게 특히 도움이 된다.

🌿 향기 다이어리

로만 캐모마일 향기를 맡고 난 뒤 향의 느낌은 어떤지 이 향기가 나에게 말해주는 메시지를 적어 보세요.

로즈
Rose

학명: Rosa damascena
추출 부위: 꽃
주요 산지: 불가리아, 터키, 모로코, 프랑스
추출 방법: 수증기 증류법 또는 용매 추출 (앱솔루트)

주요 효능: 항우울, 항불안, 심장 강화, 항염, 피부 재생, 호르몬 조절, 신체 기능 활성화, 통경, 최음, 피부 수렴 작용

어떤 상황에 사용하면 좋을까?

"사랑의 오일"이라 불리는 로즈는 정서적 치유와 자기 수용을 상징하는 오일이다. 관계에서 받은 상처와 애정 결핍으로 마음이 무너졌을 때, "나는 사랑받을 가치가 있는 존재다"라는 감정적 안정과 자기 돌봄의 감각을 회복하게 한다. 상실, 외로움, 불신, 관계의 단절로 굳어진 마음을 부드럽게 풀어주며, 타인과의 정서적 연결 속으로 다시 안전하게 돌아올 수 있도록 돕는다. 닫혀 있던 감정을 열고, 억눌려 있던 슬픔과 두려움을 치유하며, 자신과 타인 모두와의 정서적 친밀감과 따뜻함을 다시 경험하게 한다. 로즈는 마음의 회복과 사랑의 감각을 회복하고, 다시 정서적으로 안전한 세상으로 나아가게 하는 오일이다.

🌿 향기 다이어리

로즈 향기를 맡고 난 뒤 향의 느낌은 어떤지 이 향기가 나에게 말해주는 메시지를 적어 보세요.

로즈마리
Rosemary

학명: Rosmarinus officinalis ct. cineole
추출 부위: 꽃과 잎
주요 산지: 모로코, 튀니지, 북아프리카
추출 방법: 수증기 증류법

주요 효능: 기억력과 집중력 강화, 간 기능 강화, 항염증, 거담, 카타르 증상 제거, 소화 촉진, 항균, 항바이러스, 항진균 작용

어떤 상황에 사용하면 좋을까?

로즈마리는 명확함과 통찰의 오일이다. 마음이 혼란스럽고 생각을 집중하기 어려울 때, "깨어나라, 기억하라"는 메시지를 전해준다. 정신을 맑게 하고 직관을 선명히 하며 학습과 기억력 향상을 돕는다. 정신적 피로, 집중력 저하, 학습장애 시 도움이 된다.

향기 다이어리

로즈마리 향기를 맡고 난 뒤 향의 느낌은 어떤지 이 향기가 나에게 말해주는 메시지를 적어 보세요.

로즈제라늄
Rose geranium

학명: Pelargonium graveolens
추출 부위: 꽃, 잎
주요 산지: 마다가스카르, 이집트, 남아프리카공화국
추출 방법: 수증기 증류법

주요 효능: 항우울, 항불안, 호르몬 조절, 항염, 항진균, 림프 순환 촉진, 부종, 해독, 피부 강화, 피지 분비 조절, 건성, 지성피부, 여드름, 지혈, 진정, 진통, 생리증후군

어떤 상황에 사용하면 좋을까?

"균형의 오일"이라 불리는 로즈제라늄은 자기 회복력과 감정의 균형적 흐름을 상징하는 오일이다. 완벽해야 한다는 압박과 과도한 책임감 속에서, "이제는 내 속도대로도 괜찮다"는 정서적 안정과 자기 돌봄의 감각을 회복하게 한다.

억눌린 감정과 긴장을 부드럽게 풀어주며, 다시 자연스럽게 감정이 흐르고, 스스로의 리듬으로 돌아오는 법을 일깨운다. 끊임없이 자신을 몰아붙이며 지쳐가는 순간, 로즈제라늄은 삶의 균형을 다시 세우고, 자신과 타인 모두와 정서적으로 건강하게 연결될 수 있도록 안내한다.

🌿 향기 다이어리

로즈제라늄 향기를 맡고 난 뒤 향의 느낌은 어떤지 이 향기가 나에게 말해주는 메시지를 적어 보세요.

마조람
Marjoram

학명: Origanum majorana
추출 부위: 잎
주요 산지: 이집트, 프랑스, 헝가리, 독일 등
추출 방법: 수증기 증류법

주요 효능: 진통제, 항경련, 월경촉진, 릴랙싱, 진정, 강장, 신경 강화, 배변완화, 상처회복, 혈관이완, 혈압 강하, 감정 진정, 스트레스, 슬픔, 외로움, 불안, 공포, 걱정, 강박

어떤 상황에 사용하면 좋을까?

마음이 한 곳에 어떤 상황에 과도하게 몰두할 때 도움을 주는 오일이다. 사람에게 상처받고, 기대에 저버림을 느껴 마음의 문을 닫아버린 이들에게, 조용히 다가와 말없이 다독여 준다. 깊은 외로움, 정서적 단절, 신뢰의 부재 속에서 스스로를 보호하려고 차갑게 굳어진 마음을 부드럽게 녹여주는 힘이 있다. "아무도 나에게 관심을 주지 않아"라는 내면의 외침과, 인정받고 싶은 지나친 욕구를 "혼자가 아니야", "이젠 조금 기대도 괜찮아"라고 부드럽게 속삭여준다. 이 오일은 다시금 사람과의 연결을 시도할 수 있도록 감정의 회복탄력성을 키워준다.

향기 다이어리

마조람 향기를 맡고 난 뒤 향의 느낌은 어떤지 이 향기가 나에게 말해주는 메시지를 적어 보세요.

멜리사
Melissa

학명: Melissa officinalis
추출 부위: 잎과 꽃
주요 산지: 불가리아, 프랑스, 독일
추출 방법: 수증기 증류법

주요 효능: 진정, 진통, 항경련, 혈압 강하, 결석 용해 작용, 담즙 분비 촉진, 항우울, 불면 완화, 심장 안정, 항바이러스, 항불안, 항염, 소화촉진, 호르몬 균형

어떤 상황에 사용하면 좋을까?

감정의 파도에 휩쓸릴 때, 마음의 중심을 잡고 평화를 회복하게 하는 오일이다. 내면의 세계에 생기를 불어넣어 내면을 활성화시켜주는 멜리사는 슬픔, 외로움, 깊은 좌절감에 빛처럼 다가온다.
"나는 사랑받을 가치가 있다"는 감정적 안정과 자기연민을 일깨워준다.
무거운 감정의 안개를 걷어내듯, 내면의 평온을 회복시키는 데 효과적이다.

🌿 향기 다이어리

멜리사 향기를 맡고 난 뒤 향의 느낌은 어떤지 이 향기가 나에게 말해주는 메시지를 적어 보세요.

미르
Myrrh

학명: Commiphora myrrha
추출 부위: 나무 수지
주요 산지: 인도, 소말리아, 에티오피아
추출 방법: 수증기 증류법

주요 효능: 진정, 최음, 면역 기능 강화, 항염증, 피부 상처 치유, 반흔 형성 촉진, 피부 수렴 작용, 피부세포 활성화, 항균, 항바이러스 작용

어떤 상황에 사용하면 좋을까?

미르는 꿈과 비전을 현실화하는 마법의 오일이다. 상처받고 불안정했던 내면을 부드럽게 감싸주며, "괜찮아, 네가 안전하니 이제 움직일 수 있어"라는 말한다. 잊고 있던 감정적 상처를 치유하고 스스로를 믿을 수 있게 하여, 꿈과 희망을 현실로 만들어가는 데 필요한 내적 토대를 마련한다. 마음이 조급하거나 불안할 때, 깊은 뿌리처럼 흔들리지 않는 안정감을 주어 꾸준히 나아갈 수 있는 힘을 키워준다.

🌿 향기 다이어리

미르 향기를 맡고 난 뒤 향의 느낌은 어떤지 이 향기가 나에게 말해주는 메시지를 적어 보세요.

바질
Basil

학명: Ocimum basilicum
추출 부위: 꽃과 잎
주요 산지: 이집트, 미국, 프랑스, 베트남
추출 방법: 수증기 증류법

주요 효능: 자율신경 조절, 머리를 맑게 하는 작용, 항우울, 집중력 강화, 진통, 신경 안정, 두통 완화, 소화 촉진, 항경련, 항균, 항바이러스, 항염증, 면역력 강화, 호흡기 진정

어떤 상황에 사용하면 좋을까?

혼란스러운 사고와 과도한 생각으로 인한 정신적 피로를 맑게 정리해주는 오일이다. 결단력이 약하고 우유부단할 때 집중력과 명료함을 회복하게 한다.
"나에게 필요한 게 무엇인지 분명하게 알고 있다."는 내적 확신을 갖게 하며, 과도한 걱정과 두려움을 다루는 데 효과적이다.
특히 과거의 후회나 불필요한 생각의 반복에서 벗어나게 도와준다.

🌿 향기 다이어리

바질 향기를 맡고 난 뒤 향의 느낌은 어떤지 이 향기가 나에게 말해주는 메시지를 적어 보세요.

베르가못
Bergamot

학명: Citrus bergamia
추출 부위: 과피(껍질)
주요산지: 이탈리아, 튀니지, 아프리카
추출방법: 냉압착

주요 효능: 항우울, 정신 고양, 진정, 정신 안정, 항경련, 장내 가스 제거, 소화 촉진, 항균, 항바이러스, 항진균, 해열작용

어떤 상황에 사용하면 좋을까?

마음 깊은 곳의 어둠에 잔잔한 빛을 머물게 해서 숨 쉴 작은 틈을 열어 주는 오일이다. 정체 모를 무기력과 우울한 감정에 사로잡힐 때, 자신의 가치를 낮게 평가하거나 삶에 대한 열정을 잃었을 때, 내면에 햇빛을 비추듯 기분을 밝게 해준다. "나는 충분히 괜찮은 사람이다"라는 자존감을 회복하게 도와준다. 감정이 막혔거나 눈물이 나지 않는 상태에서도 깊은 감정의 흐름을 회복시킨다.

🌿 **향기 다이어리**

베르가못 향기를 맡고 난 뒤 향의 느낌은 어떤지 이 향기가 나에게 말해주는 메시지를 적어 보세요.

베티버
Vetiver

학명: Chrysopogon zizanioides
추출 부위: 뿌리
주요 산지: 인도, 아이티, 인도네시아
추출 방법: 수증기 증류법

주요 효능: 진정, 항경련, 항염, 신경 안정, 수면 유도, 항불안, 빈혈 예방, 체액의 울체 제거, 피부세포 활성화, 항진균, 면역 기능 강화, 관절염, 류머티즘, 근육통

어떤 상황에 사용하면 좋을까?

내면의 안정과 심리적 중심을 회복하는 오일이다. 끊임없이 불안하고 오르락 내리락하는 감정 기복으로 힘든 사람에게 "땅 위에 단단히 서 있어도 괜찮다"는 깊은 안정감과 중심을 회복하게 한다. 신경이 과도하게 흥분된 상태를 진정시키고, 극심한 정신적 피로와 상실과 충격으로 무너진 정서적 균형을 부드럽게 바로 잡아 준다. 과도한 생각과 공상으로 현실감이 흐려진 상태에서도 베티버는 다시 현실 감각을 회복하고, 생각과 행동의 균형을 세울 수 있도록 돕는다. 삶의 방향을 잃고 감정적으로 소진된 시기, 베티버는 내면의 뿌리를 깊게 내리고 존재의 안정과 통찰을 회복하게 한다.

🌿 향기 다이어리

베티버 향기를 맡고 난 뒤 향의 느낌은 어떤지 이 향기가 나에게 말해주는 메시지를 적어 보세요.

블랙 페퍼
Black Pepper

학명: Piper nigrum
추출 부위: 건조한 열매
주요 산지: 인도, 스리랑카, 인도네시아, 베트남
추출 방법: 수증기 증류법

주요 효능: 소화기계 강장(구풍,건위,식욕부진), 혈액순환, 이뇨, 비장 자극, 빈혈 개선, 체액 정체, 항염, 항진통, 항경련, 심리적 장애물 제거

어떤 상황에 사용하면 좋을까?

내면의 용기를 깨우고, 두려움을 직면할 수 있도록 도와주는 오일이다. 마음속 깊이 감춰둔 감정을 마주할 수 있는 힘을 북돋우며, 회피하던 감정과 상황을 견딜 수 있는 단단함을 준다. 스스로를 지키기 위해 많은 감정을 표현하지 못했던 사람, 혹은 늘 주변을 의식하며 자신의 감정을 억제해 온 사람에게 블랙 페퍼는 " 너의 진심을 보여줘도 괜찮아"라고 말해준다. 감정을 외면하거나 피하려는 습관을 부드럽게 끊고, 자기 내면의 뜨거운 열정을 다시 일깨워 준다.

🌿 향기 다이어리

블랙 페퍼 향기를 맡고 난 뒤 향의 느낌은 어떤지 이 향기가 나에게 말해주는 메시지를 적어 보세요.

사이프레스
Cypress

학명: Cupressus sempervirens
추출 부위: 잎, 잔가지
주요 산지: 프랑스, 이탈리아, 스페인
추출 방법: 수증기 증류법

주요 효능: 진정, 자율신경 조절, 신경 강화, 호르몬 조절, 피부 수렴 작용, 항경련, 체액의 울체 제거, 진해, 혈관 수축, 항균, 항바이러스, 땀 분비 억제 작용

어떤 상황에 사용하면 좋을까?

사이프레스는 흐름과 변화의 오일이다. 집착이나 고착된 감정, 상실의 슬픔으로 마음이 막혔을 때, "모든 것은 흘러간다"는 위로를 전한다. 고여있는 감정을 부드럽게 흘려보내며 변화와 적응을 수용하도록 돕는다.
이별, 상실, 환경 변화에 유연하게 대처하고 싶을 때 유용하다.

🌿 향기 다이어리

사이프레스 향기를 맡고 난 뒤 향의 느낌은 어떤지 이 향기가 나에게 말해주는 메시지를 적어 보세요.

스피어민트
Spearmint

학명: Mentha spicata
추출 부위: 잎, 꽃 선단부
주요 산지: 유럽, 북아메리카, 서부아시아, 인도
추출 방법: 수증기 증류법

주요 효능: 진통과 진경 (긴장성 두통, 기침), 구풍 (위장장애, 어린이 소화촉진, 구토, 메스꺼움, 복부팽만, 변비, 설사), 자극 수축과 순환 (비강 점막 수축, 정맥수축, 비장혈액 유입, 림프순환, 축농증), 항우울 효과, 정신적 긴장과 피로를 완화

어떤 상황에 사용하면 좋을까?

마음을 맑고 가볍게 해주는 '의식의 환기제' 오일이다. 혼란스러운 생각들로 머릿속이 어지럽고, 할 말을 삼키며 주저하게 될 때, 이 향은 용기와 명료함을 선물한다. 특히 자신의 생각이나 감정을 표현하는 데 어려움을 느끼는 이들, 혹은 주변의 시선에 눌려 자기표현을 억눌러온 사람들에게 "너의 목소리도 소중해"라고 조용히 격려해준다. 상쾌하고 부드러운 향은 정신을 환기시키며, 과도한 긴장과 억눌림을 풀어주는 데 효과적이다.

🌿 향기 다이어리

스피어민트 향기를 맡고 난 뒤 향의 느낌은 어떤지 이 향기가 나에게 말해주는 메시지를 적어 보세요.

시나몬 바크
Cinnamon Bark

학명: Cinnamomum verum
추출 부위: 나무 껍질
주요 산지: 스리랑카, 인도, 마다가스카르
추출 방법: 수증기 증류법

주요 효능: 강력한 살균, 소독, 항균, 항진균, 순환계 활성, 통경과 진경, 소화기 강장(소화 촉진, 과민성 대장증후군, 구풍, 메스꺼움과 구역질 완화), 무기력증, 우울증 완화, 대인관계 개선

어떤 상황에 사용하면 좋을까?

따뜻함과 생명력을 불어넣는 오일이다. 차가워진 감정과 얼어붙은 관계에 온기를 되찾아 준다. 상처받은 마음이 세상과 거리를 두고 닫혀 있을 때, 이 향은 서서히 마음의 문을 열게 하며 다시 사람에게 다가갈 수 있는 용기를 심어준다. 애정 결핍, 상실감, 거절에 대한 두려움을 품고 있는 이들에게 "너는 사랑받기에 충분한 존재야"라는 감정의 메시지를 전해준다. 또한, 억눌려 있던 열정과 자기 표현을 자극하여, 내면 깊숙이 감춰졌던 '진짜 나'를 세상 밖으로 끌어올릴 수 있도록 돕는다.

🌿 향기 다이어리

시나몬 바크 향기를 맡고 난 뒤 향의 느낌은 어떤지 이 향기가 나에게 말해주는 메시지를 적어 보세요.

시더우드
Cedarwood

학명: Juniperus virginiana
추출 부위: 목부와 가지
주요 산지: 미국
추출 방법: 수증기 증류법

주요 효능: 진정, 신경 강화, 정신 고무, 신체 기능 활성화, 체액의 울체 제거, 이뇨, 정맥 순환 촉진, 거담, 항균, 항바이러스, 항진균, 방충 작용

어떤 상황에 사용하면 좋을까?

시더우드는 연결과 안정의 오일이다. 고립감과 불안을 달래며 "너는 뿌리내릴 수 있어"라는 메시지를 전한다. 어떠한 어려움이 닥쳐도 흔들림 없이 뚫고 나갈 내적 강인함과 끈기를 북돋아 준다. 자신감과 소속감을 회복시키며, 마음이 불안정할 때 든든한 기둥이 되어준다. 불안, 외로움, 자기 가치감이 흔들릴 때, 시련 앞에서 굳건함이 필요할 때 유용하다.

🌿 향기 다이어리

시더우드 향기를 맡고 난 뒤 향의 느낌은 어떤지 이 향기가 나에게 말해주는 메시지를 적어 보세요.

시베리안 퍼
Siberian Fir

학명: Abies sibirica
추출 부위: 잎과 가지
주요 산지: 러시아, 북유럽
추출 방법: 수증기 증류법

주요 효능: 진정, 면역 강화, 신경 강화, 신체 기능 활성화, 호흡기 정화, 항균, 항염, 거담, 항바이러스, 관절염 완화, 감기 증상 완화, 정서적 치유, 내면의 평화

어떤 상황에 사용하면 좋을까?

내면의 어린아이와 깊은 상처를 부드럽게 감싸주는 회복의 나무향 오일이다.
과거의 실수, 후회, 아픔에 갇힌 이들에게 "다시 선택할 수 있어"라는 용서를 건넨다. 삶의 무게에 눌린 이들의 마음에 가벼운 숨을 불어넣으며, 감정적 성장과 치유의 여정을 시작하게 돕는다.

🌿 향기 다이어리

시베리안 퍼 향기를 맡고 난 뒤 향의 느낌은 어떤지 이 향기가 나에게 말해주는 메시지를 적어 보세요.

아버비테
Arborvitae

학명: Thuja plicata
추출 부위: 목재
주요 산지: 캐나다, 미국
추출 방법: 수증기 증류법

주요 효능: 세포 재생, 항균, 항바이러스, 살균, 심신 안정과 균형, 곰팡이 제거, 방충, 깊은 감정 안정, 에너지 보호, 내면 신뢰 회복

어떤 상황에 사용하면 좋을까?

'생명의 나무'라 불리는 이 오일은 내려놓음과 신뢰를 상징하는 오일이다.
모든 것을 스스로 통제하려는 완벽주의와 과도한 책임감에서 벗어나, "나는 흐름에 맡겨도 괜찮다"는 내면의 평화를 되찾게 한다.
삶의 큰 흐름 안에서 자신을 놓아주는 법을 배우고자 할 때, 깊은 지혜와 연결감을 선물한다.

향기 다이어리

아버비테 향기를 맡고 난 뒤 향의 느낌은 어떤지 이 향기가 나에게 말해주는 메시지를 적어 보세요.

야로우
Arrow

학명: Achillea millefolium
추출 부위: 꽃
주요 산지: 프랑스, 헝가리
추출 방법: 수증기 증류법

주요 효능: 진정, 항염증, 항소양증, 항경련, 거담, 호르몬 조절, 통경, 담즙 분비 촉진, 지방 연소 촉진, 피부 상처 치유, 반흔 형성 촉진, 항균, 항바이러스 작용

어떤 상황에 사용하면 좋을까?

에너지적 경계와 치유의 오일이다. 마음에 묻어둔 과거의 상처, 분노의 감정을 치유 해준다. 감정적으로 쉽게 상처받고 흡수하는 사람에게 "스스로를 보호하라"는 메시지를 전한다. 감정적, 에너지적 경계를 강화해 내적 회복력을 키운다. 감정적 과부하, 공감 피로, 에너지 보호가 필요할 때 이상적이다.

🌿 **향기 다이어리**

야로우 향기를 맡고 난 뒤 향의 느낌은 어떤지 이 향기가 나에게 말해주는 메시지를 적어 보세요.

오렌지
Orange

학명: Citrus sinensis
추출 부위: 과피 (껍질)
주요 산지: 브라질, 미국, 이탈리아
추출 방법: 냉압착

주요 효능: 항우울, 항불안, 진정, 정신 고양, 항균, 소화 촉진, 위장 기능 강화, 식욕 증진, 장의가스 배출

어떤 상황에 사용하면 좋을까?

오렌지 오일은 지나친 진지함에서 벗어나도록 유연함과 정서적 여유를 주는 오일이다. 높은 기준과 책임감 속에서 끊임없이 스스로를 몰아붙이는 사람에게 "완벽하지 않아도 괜찮다"는 심리적 여유와 낙관적인 마음을 회복하게 한다. 모든 것을 스스로 통제하려는 경직된 사고에서 벗어나, 긴장된 생각과 감정을 부드럽게 풀어준다. 타인의 도움을 거부하고, 스스로 모든 걸 해결하려는 강박과 예민해진 마음에 오렌지는 다시 웃을 수 있는 여유와 정서적 가벼움을 선물한다. 삶이 너무 무겁게 느껴질 때, 오렌지는 조금 더 느긋하고 편안한 방식으로 세상을 바라보는 법을 회복하게 한다.

향기 다이어리

오렌지 향기를 맡고 난 뒤 향의 느낌은 어떤지 이 향기가 나에게 말해주는 메시지를 적어 보세요.

유칼립투스
Eucalyptus

학명: Eucalyptus globulus
추출 부위: 잎
주요 산지: 호주, 스페인, 포르투갈
추출 방법: 수증기 증류법

주요 효능: 신경 기능 강화, 면역 기능 강화, 신체 기능 활성화, 이뇨, 진해, 거담, 카타르 증상 제거, 체액의 울체 제거, 항균, 항바이러스, 항진균 작용

어떤 상황에 사용하면 좋을까?

유칼립투스는 해방과 호흡의 오일이다. 관계나 환경에서 느끼는 답답한 감정과 압박감, 부정적 생각을 "편히 숨 쉬어라, 내려 놓아도 된다."는 메시지로 풀어준다. 막힌 감정과 무거운 짐을 털어내어 시원하고 자유로운 마음의 공간을 열어준다. 감정적 억압, 스트레스 해소, 새로운 관점이 필요할 때 유용하다.

향기 다이어리

유칼립투스 향기를 맡고 난 뒤 향의 느낌은 어떤지 이 향기가 나에게 말해주는 메시지를 적어 보세요.

일랑일랑
Ylang Ylang

학명: Cananga odorata
추출 부위: 꽃
주요 산지: 마다가스카르, 인도네시아 등
추출 방법: 수증기 증류법

주요 효능: 정신 고양, 항우울, 항불안, 항경련, 항염증, 항균, 항바이러스, 최음, 혈압 강하, 혈액 순환 촉진

어떤 상황에 사용하면 좋을까?

잊고 지냈던 내면의 기쁨과 사랑을 부드럽게 깨워주는 오일이다. 과거의 상처로 인해 굳어진 마음을 풀어주고, 다시 사랑받을 자격이 있는 존재임을 기억하게 한다. "나는 사랑받아 마땅한 존재야"라는 메시지를 가슴 깊이 새기게 하며, 억눌린 감정, 특히 수치심이나 낮은 자손감으로 인한 위축을 완화한다.
감정을 무겁게 누르던 가면을 벗고, 진짜 나의 감성과 연결되게 돕는 오일이다. 내면의 여성성, 감각성, 그리고 나를 향한 애정을 회복하는 데 탁월하다.

🌿 향기 다이어리

일랑일랑 향기를 맡고 난 뒤 향의 느낌은 어떤지 이 향기가 나에게 말해주는 메시지를 적어 보세요.

자몽
Grapefruit

학명: Citrus paradisi
추출 부위: 과피 (껍질)
주요산지: 미국, 이스라엘, 아르헨티나, 브라질 등
추출방법: 냉압착

주요효능: 항우울, 신경 강화, 정신 고양, 위장 기능 강화, 장내 가스 제거, 식욕 조절, 혈압 강하, 체액의 울체 제거, 이뇨, 지방 연소 촉진, 항균, 항바이러스 작용

어떤 상황에 사용하면 좋을까?

자몽은 좌절, 자기비하, 무력감에서 벗어나 가벼움, 경쾌함, 즐거움을 되찾게 하는 오일이다. 마음이 무겁고 침체되어 있을 때, 자존감이 낮아지고 스스로를 비난할 때 사용하면 좋다. 상큼하고 밝은 향이 감정의 흐름을 깨끗하게 정화하고, 내면의 빛을 되찾도록 부드럽게 이끈다. "나는 소중하고 사랑받을 가치가 있어"라는 긍정의 메시지를 심어주며 자기애를 회복하도록 도와준다. 감정의 흐름을 막는 부정적 패턴을 깨끗하게 청소해주는 듯한 특성이 있어, 새로운 시작이나 의욕 회복이 필요할 때 특히 유용하다.

🌿 향기 다이어리

자몽 향기를 맡고 난 뒤 향의 느낌은 어떤지 이 향기가 나에게 말해주는 메시지를 적어 보세요.

자스민
Jasmine

학명: Jasminum grandiflorum
추출 부위: 꽃
주요 산지: 인도, 이집트, 모로코
추출 방법: 용매추출 (앱솔루트)
초임계 이산화탄소 추출법(CO$_2$ Extraction)

주요 효능: 항우울, 항불안, 항경련, 강장, 진정, 신경 과민 진통, 피부 진정, 피부 노화, 혈압 강하, 항바이러스, 출산, 생리통

어떤 상황에 사용하면 좋을까?

자기 확신과 존재의 온전함을 회복하는 오일이다. 내면의 욕구와 외부의 기대 사이에서 갈등과 충돌을 반복하며, "나는 충분하지 않다", "나는 가치가 없다"고 생각하는 마음에, "나는 나로서 충분하다"는 강력한 자기 확신을 회복하게 한다. 자기 존재에 대한 불안과 자기 의심이 반복되는 상태, 타인의 기준과 사회적 역할에 맞추어 진짜 자신을 잃어버린 사람에게, 자스민은 자기 존재의 온전함과 창조적 활력을 다시 일깨운다. 자스민은 자기 표현의 자유와 삶의 주도권을 회복하도록 안내한다.

🌿 향기 다이어리

자스민 향기를 맡고 난 뒤 향의 느낌은 어떤지 이 향기가 나에게 말해주는 메시지를 적어 보세요.

진저
Ginger

학명: Zingiber officinale
추출 부위: 뿌리
주요 산지: 중국, 인도, 아프리카
추출 방법: 수증기 증류법

주요 효능: 진정, 최음, 신체 기능 활성화, 혈액순환 촉진, 발한, 소화 촉진, 장내 가스 제거, 위장 기능 강화, 카타르 증상 제거, 진해, 항염증, 항균, 항바이러스, 향진균 작용

어떤 상황에 사용하면 좋을까?

진저는 용기와 추진력의 오일이다. 두려움, 망설임, 자기 의심으로 발이 묶여 있을 때, "움직여라, 도전하라"는 뜨거운 메시지를 전한다. 완전히 지쳐서 정체되었을 때, 내면의 불꽃을 일으켜 의지를 북돋고 주저함을 떨치게 도와준다. 결단이 필요할 때, 시작이 두려울 때, 의욕과 자신감을 되찾고 싶을 때 도움이 된다.

🌿 향기 다이어리

진저 향기를 맡고 난 뒤 향의 느낌은 어떤지 이 향기가 나에게 말해주는 메시지를 적어 보세요.

주니퍼베리
Juniper Berry

학명: Juniperus communis
추출 부위: 잎과 열매
주요 산지: 러시아, 북유럽
추출 방법: 이탈리아, 프랑스, 헝가리

주요 효능: 신경 안정, 자율신경 조절, 체액의 울체 제거, 이뇨, 피부 수렴 작용, 진통, 항염증, 항경련, 신체 기능 활성화, 항균, 항바이러스 작용

어떤 상황에 사용하면 좋을까?

주니퍼베리는 정화의 오일이다. 두려움과 부정적 감정을 씻어내는 힘을 지녔다. 마음속 어두운 그림자를 부드럽게 몰아내며, "빛을 향해 나아가라"는 봉기의 메시지를 전한다. 불안과 악몽, 억눌린 감정에서 벗어나 맑고 깨끗한 내면의 공간을 되찾게 돕는다. 스스로를 정화하고 가벼워지며, 새로운 시작을 준비할 수 있도록 이끈다.

🌿 향기 다이어리

주니퍼베리 향기를 맡고 난 뒤 향의 느낌은 어떤지 이 향기가 나에게 말해주는 메시지를 적어 보세요.

코파이바
Copaiba

학명: Copaifera officinalis
추출 부위: 나무 수지
주요 산지: 브라질, 페루, 베네수엘라
추출 방법: 수증기 증류법

주요 효능: 항염, 신경계 진정 ,긴장 완화, 피부재생 촉진, 면역력 강화, 소화 개선, 호흡기 진정, 기침 완화, 내면의 상처치유, 안정감

어떤 상황에 사용하면 좋을까?

깊고 조용한 내면으로 이끄는, 감정의 '안식처' 같은 오일이다. 상처받은 마음이 갈피를 잡지 못하고 흔들릴 때, 조용히 감정을 감싸 안아주는 오일은 마치 "그대로 괜찮아, 지금 이 감정도 너의 일부야"라고 말해주는 듯한 위안을 준다. 트라우마, 수치심, 억울함처럼 말로 설명하기 어려운 감정의 뿌리를 부드럽게 풀어주며 내면의 아이와 다시 연결되도록 돕는다. 특히 자기비판이 심하거나, 늘 자신을 탓하는 사람들에게 깊은 정서적 안정감을 준다. 마음의 뿌리에서부터 안정감을 쌓아 올리는 에너지를 전달한다.

🌿 향기 다이어리

코파이바 향기를 맡고 난 뒤 향의 느낌은 어떤지 이 향기가 나에게 말해주는 메시지를 적어 보세요.

클래리세이지
Clary Sage

학명: Salvia sclarea
추출 부위: 꽃과 잎
주요 산지: 프랑스, 불가리아, 러시아
추출 방법: 수증기 증류법

주요 효능: 여성호르몬 조절, 행복감 증진, 자율신경 조절, 신경 강화, 생리통 완화, 항불안, 항우울, 진정, 항경련, 항염, 항진균, 피부 밸런싱, 감정 안정

어떤 상황에 사용하면 좋을까?

억눌린 감정을 해방시키며, 감정의 균형을 잡아주는 오일이다. 혼란과 감정 기복 속에서도 내면의 지혜와 직관을 되찾게 한다. 삶의 흐름 속에서 방향을 잃었을 때 "나는 나를 믿는다"는 신념을 회복시킨다. 특히 여성성과 창의성 회복에 강력한 지지 에너지를 제공한다.

향기 다이어리

클래리세이지 향기를 맡고 난 뒤 향의 느낌은 어떤지 이 향기가 나에게 말해주는 메시지를 적어 보세요.

클로브
Clove

학명: Eugenia caryophyllata
추출 부위: 꽃봉오리, 줄기, 잎
주요 산지: 인도네시아, 필리핀, 스리랑카
추출 방법: 수증기 증류법

주요 효능: 신경 강화, 신체 기능 활성화, 마취, 면역 기능 강화, 항경련, 진통, 혈압 상승, 위장 기능 강화, 소화촉진, 구충, 항균, 항바이러스, 항진균 작용, 무기력증, 우울 완화, 생각의 독소 제거

어떤 상황에 사용하면 좋을까?

내면 깊은 곳의 상처를 정화하고, 정서적 회복력을 되찾게 도와주는 강력한 오일이다. 감정적 트라우마, 분노, 억울함처럼 쉽게 말할 수 없는 감정들이 마음 안에 뿌리내렸을 때, 그 감정의 '무거운 뿌리'를 뽑아내는 듯한 깊은 해방감을 선사한다. 특히, 지속적으로 상처받아 방어적이 된 사람이나, 신뢰에 대한 두려움, 분노가 쌓여 관계를 피하게 되는 사람에게 "이제는 자신을 지켜낼 힘이 있어"라고 속삭이며, 스스로를 다시 믿을 수 있는 힘을 되찾게 해준다.

🌿 향기 다이어리

클로브 향기를 맡고 난 뒤 향의 느낌은 어떤지 이 향기가 나에게 말해주는 메시지를 적어 보세요.

티트리
Teatree

학명: Melaleuca alternifolia
추출 부위: 잎
주요 산지: 오스트레일리아, 호주
추출 방법: 수증기 증류법

주요 효능: 강력한 항균, 항바이러스, 항진균, 면역 강화, 항염, 여드름, 헤르페스, 호흡기 질환, 두피 관리

어떤 상황에 사용하면 좋을까?

내면의 정화와 활력을 되찾게 하는 오일이다. 지속적인 피로, 신체적 질환, 반복되는 스트레스 속에서 "나는 지쳤다", "나는 약하다"는 부정적 인식으로 마음이 무너졌을 때, 다시 내면의 회복력과 생명력을 불어넣는다. 자책과 피해의식으로 스스로를 작게 만들고, 삶에 대한 방어적인 태도가 강해진 상태에서도 티트리는 심리적 면역력을 회복하게 돕는다. 몸과 마음이 모두 소진된 사람, 부정적 사고와 무기력에 갇힌 사람들이 다시 활력과 정서적 균형을 회복하고, 삶을 주도적으로 대할 수 있도록 안내한다.

🌿 향기 다이어리

티트리 향기를 맡고 난 뒤 향의 느낌은 어떤지 이 향기가 나에게 말해주는 메시지를 적어 보세요.

페퍼민트
Peppermint

학명: Mentha piperita
추출 부위: 잎, 줄기
주요 산지: 미국, 인도, 유럽 (영국, 프랑스)
추출 방법: 수증기 증류법

주요 효능: 항경련, 항염, 진통, 항균, 항바이러스, 소화 촉진, 집중력 향상, 두통 완화, 각종 호흡기 질환

어떤 상황에 사용하면 좋을까?

정신적 명료함과 사고의 유연성을 회복하는 오일이다. 집중력 저하, 정신적 피로, 무기력함을 느낄 때, "다시 명확하게 생각하고, 가볍게 시작해도 괜찮다"는 인지적 전환과 활력을 회복하도록 돕는다. 머릿속이 복잡하거나, 지나친 스트레스로 사고가 경직되었을 때, 페퍼민트는 생각의 흐름을 정돈하고 명확한 판단으로 이끌어준다. 시험, 발표, 업무 과중처럼 긴장이 높은 상황에서도 심리적 과부하를 진정시키면서 집중력과 에너지를 동시에 유지하게 한다. 페퍼민트는 사고의 유연성을 회복하고, 다시 열린 시각으로 세상을 바라보게 한다.

🌿 향기 다이어리

페퍼민트 향기를 맡고 난 뒤 향의 느낌은 어떤지 이 향기가 나에게 말해주는 메시지를 적어 보세요.

프랑킨센스
Frankincense

학명: Boswellia carterii / Boswellia sacra / Boswellia papyrifera
추출 부위: 나무 수지
주요 산지: 오만, 소말리아, 에디오피아
추출 방법: 수증기 증류법

주요 효능: 항우울, 항불안, 면역 강화, 항염, 항진균, 진정, 세포 재생, 건조 피부, 노화 피부, 거담, 카타르 증상, 기관지염, 천식, 자궁 기능 강화, 관절 통증, 방부성

어떤 상황에 사용하면 좋을까?

내면의 평화를 회복하는 오일이다. 끊임없이 복잡한 생각 속에 갇혀 있거나, 과거의 후회와 감정적 집착으로 현재에 집중하지 못하는 상태에 있을 때, 심리적 거리와 안정감을 회복하게 한다. 공황장애, 과호흡, 통제되지 않는 불안처럼 급격히 밀려오는 두려움에도 효과적으로 작용하며, 과활성화된 신경계를 이완하면서도 정신의 선명함은 유지한다. 프랑킨센스는 내면 탐색과 감정적 통합을 돕고, 자신에 대한 깊은 이해와 심리적 균형을 회복하게 하는 오일이다.

🌿 향기 다이어리

프랑킨센스 향기를 맡고 난 뒤 향의 느낌은 어떤지 이 향기가 나에게 말해주는 메시지를 적어 보세요.

파촐리
Patchouli

학명: Pogostemon cablin
추출 부위: 잎
주요 산지: 인도네시아, 인도, 필리핀
추출 방법: 수증기 증류법

주요 효능: 항우울, 접지, 진정, 최음, 항균, 항염, 향균, 곰팡이 제거, 림프순환 촉진, 정맥의 순환, 체액의 울체 제거, 피부 수렴, 피부세포 재생, 감정 안정

어떤 상황에 사용하면 좋을까?

파촐리는 몸과 마음을 '지금-여기'에 고정시켜주는 접지의 오일이다. 끊임없이 생각이 맴돌고 감정이 불안정할 때, "괜찮아, 여기 있어도 돼"라는 안정감을 준다. 자기 혐오나 외모에 대한 왜곡된 인식으로부터 벗어나, 있는 그대로의 나를 받아들이게 돕는다. 감각적인 에너지와 연결되며, 자기 몸에 대한 친밀감을 회복하게 한다.

🌿 **향기 다이어리**

파촐리 향기를 맡고 난 뒤 향의 느낌은 어떤지 이 향기가 나에게 말해주는 메시지를 적어 보세요.

하와이안 샌달우드
Hawaiian Sandalwood

학명: Santalum paniculatum
추출 부위: 목질
주요 산지: 하와이, 인도, 인도네시아, 스리랑카
추출 방법: 수증기 증류법

주요 효능: 신경계 진정, 스트레스 완화, 불면증, 분노 완화, 명상 보조, 피부 보습 및 재생, 면역력 강화, 기관지 진정, 기침 완화, 성적 에너지 조화 및 강화, 집착 완화

어떤 상황에 사용하면 좋을까?

마음을 내면 깊은 곳으로 이끄는 '영혼의 향기'라 불릴 만큼 명상적이고 내면적인 힘을 가진 오일이다. 혼란스러운 생각과 감정이 끊이지 않을 때, 이 모든 소음을 잔잔히 가라앉히며 "지금 이 순간, 존재 그 자체로 충분하다"는 감각을 일깨워준다. 상실, 허무감, 방향을 잃은 삶의 시기에 마음의 뿌리를 단단히 내리게 하고, 내면의 지혜와 연결되도록 돕는다. 자존감을 회복하고, 고요하지만 강한 자기 확신을 되찾고 싶은 이들에게 깊은 울림을 전한다. 정서적으로 깊이 작용 하면서 부드럽고 섬세하기 때문에, 감정이 지쳐 있을 때 도움이 된다.

🌿 향기 다이어리

하와이안 샌달우드 향기를 맡고 난 뒤 향의 느낌은 어떤지 이 향기가 나에게 말해주는 메시지를 적어 보세요.

헬리크리섬
Helichrysum

학명: Helichrysum italicum
추출 부위: 꽃
주요 산지: 프랑스, 보스니아, 이탈리아
추출 방법: 수증기 증류법

주요 효능: 피부 질환, 항염, 멍 완화, 조직 재생, 트라우마 완화, 신경통 완화, 항경련, 감정 안정, 혈액순환 촉진

어떤 상황에 사용하면 좋을까?

'영원 또는 불멸의 꽃'이라고도 하는 헬리크리섬은 깊은 트라우마와 오래된 감정의 상처를 치유하는 오일이다. 잊었다고 생각한 과거의 아픔이 여전히 내면에 남아 있을 때, "이제는 괜찮아"라는 회복의 메시지를 전달하며 감정을 통합시킨다. 마음속 깊이 눌려 있던 고통을 부드럽게 끌어올려 소화하게 돕는다. 감정의 재생과 회복을 상징하는 오일이다.

향기 다이어리

헬리크리섬 향기를 맡고 난 뒤 향의 느낌은 어떤지 이 향기가 나에게 말해주는 메시지를 적어 보세요.

제7장

심리상담사가 처방하는 감정향수

향기로 감정을 디자인하다.

이 향기에 내가 선물하고 싶은 이름은(예시: *peace peace peace*)입니다.

| 만든 날 | | 25. 00. 00 |

당신이 디자인하고 싶은 감정은 무엇인가요?

예시) 분노

그 감정은 어떤 상황에서 시작 되었나요?

예시) 부당하거나 억울한 대우를 받을 때
기대가 무너 졌을 때
내 말이 무시 당했다고 느낄 때

내가 고른 향수는?

예시)
오렌지: 8방울
베르가못: 16방울
로만 캐모마일: 4방울

향수를 맡고 떠오르는 감정 또는 생각 적기

예시) 어린 시절 달콤한 사과 파이 먹었던 기억으로 기분이 전환이 됨

감정을 디자인한 후 마음에 어떠한 변화가 있었나요?

예시) 화가 조금 가라앉는다.
마음이 편안해졌다.

향기로 감정을 디자인하다.

이 향기에 내가 선물하고 싶은 이름은( )입니다.

만든 날 |

당신이 디자인하고 싶은 감정은 무엇인가요?

그 감정은 어떤 상황에서 시작 되었나요?

내가 고른 향수는?

향수를 맡고 떠오르는 감정 또는 생각 적기

감정을 디자인한 후 마음에 어떠한 변화가 있었나요?

과도한 근심과 걱정

: 미래를 향한 마음의 몸부림

과도한 근심과 걱정의 특징

근심과 걱정은 위협을 감지하고 이에 대비하려는 인간의 방어적 정서 반응으로, 생존과 적응에 중요한 역할을 해왔다. 그러나 이러한 반응이 지나치게 강하거나 일상생활을 방해할 정도로 지속된다면, 심리적 고통은 물론 병리적 상태로 이어질 수 있다. 근심은 주로 미래에 일어날 수 있는 일들에 대한 인지적 반응으로, 불확실한 결과를 끊임없이 머릿속으로 시뮬레이션하며 반복적으로 떠올리는 특징이 있다. 반면 걱정은 보다 정서적이고 생리적인 반응으로, 긴장, 불안, 두려움 등의 감정을 동반한다. 이 둘은 서로 맞물리며 강화 작용을 일으킨다. 즉, 생각은 감정을 자극하고, 감정은 다시 생각을 자극시키는 방식으로 작동하는 것이다.

과도한 근심은 '지금 여기'가 아닌, '아직 일어나지 않은 미래'에 뿌리를 두고 있다. 머릿속은 끝없는 '만약'의 상황으로 가득 차며, 작은 가능성조차 반드시 일어날 일처럼 느껴진다. 예를 들어 "면접에서 한 마디 실수하면 모든 게 끝날 거야"라는 생각처럼, 부정적인 예측은 미래를 왜곡하고 그 왜곡은 현재의 불안을 더욱 부추겨 악순환을 만든다. 이는 심리학적으로 '미래 예측 오류'로 설명된다.

일반적인 걱정은 특정 상황에 한정되어 나타나지만, 병적인 걱정은 하루의 대부분을 차지한다. 걱정이 멈추지 않고, 스스로 생각의 스위치를 끌 수 없는 상태가 반복되면서, 점점 '멈출 수 없는 생각의 소용돌이'에 갇히게 된다.

이러한 상태는 강박사고와 유사하며, 걱정의 대상은 바뀌더라도 사고의 방식은 고정되고 반복된다. 마음속에서는 마치 고장 난 라디오처럼 같은 멜로디가 끊임없이 재생되는 듯한 느낌이다.

건강한 걱정은 문제 해결을 향해 나아가지만, 과도한 근심은 해결이 아닌 반복에 머문다. 같은 생각을 곱씹고, 되돌아보고, 또다시 되새기며 '생각의 미로'에 갇히게 되는 것이다. 이러한 반복적인 반추는 실제로 스트레스를 해소하지 못할 뿐 아니라, 오히려 감정적 피로를 축적시키고 부정적인 정서 상태를 더욱 고착화시킨다.

지나친 걱정은 현실적인 도전 앞에서 행동보다는 회피를 선택하게 만든다. "실수하면 어쩌지?", "사람들이 날 어떻게 볼까?" 같은 생각이 발목을 잡고, 중요한 발표를 피하게 하며, 결정을 미루고, 변화의 기회를 놓치게 되는 것이다.

이러한 회피는 순간적인 안도감을 줄 수는 있지만, 결국 자기효능감을 낮추고, 자신에 대한 신뢰를 무너뜨리며, 우울감의 씨앗을 심게 된다.

심리학에서 보는 과도한 근심과 걱정

근심과 걱정은 미래의 불확실성에 대한 심리적 반응이다. 일반적으로 이들은 삶에서 유익한 기능을 하는데 중요한 일을 앞두고 적절한 걱정은 준비를 돕고 실수를 줄이는 데 도움이 된다. 그러나 이러한 걱정이 지속적이고 통제 불가능하며, 정서적 고통이나 일상 기능의 저하를 동반한다면, 이는 심리적 개입이 필요한 상태로 간주 된다.

심리학적으로는 범불안장애(GAD: Generalized Anxiety Disorder)의 핵심 증상군으로 분류되며, 그 특징은 단순한 스트레스를 넘어서 삶 전반에 영향을 미치는 복합적인 인지적·정서적 장애로 설명된다.

아론 벡의 인지 이론에 따르면, 불안은 미래 사건을 왜곡하여 지각할 때 발생한다. 과도한 걱정을 지닌 사람들은 현실에 기반하여 사고하기보다는, 부정적이고 과장된 가능성에 초점을 맞추는 경향이 있다. 예를 들어, 단 한 번의 실수가 곧 인생 전체의 실패로 이어질 것이라고 느끼는 식이다.

또한, 과도한 걱정을 하는 사람들은 '확률 판단 오류'와 '결과 판단 오류'를 동시에 보인다. 즉, 부정적인 사건이 발생할 가능성을 지나치게 높게 평가하고, 그 결과 역시 극단적이고 비극적으로 상상한다. 이는 전형적인 왜곡된 사고의 형태다.

영국의 심리학자 아드리안 웰스는 이러한 근심과 걱정을 설명하기 위해 '메타인지 모델'을 제시했다. 그는 특히 범불안장애 환자들이 '걱정하는 자기 자신'을 다시 걱정하는 경향이 있다고 보았다. "이렇게 걱정이 많은 내가 이상한 건 아닐까?", "이런 생각을 하다 미치는 건 아닐까?"와 같은 사고는 단순한 걱정을 넘어서 '불안에 대한 불안' 즉, 2차 적인 정서적 고통을 유발하고, 사고의 반복적 패턴에서 빠져나오지 못하게 만든다.

과도한 걱정은 문제 해결로 이어지지 않고, 오히려 '생각의 미로' 속에서 반복적인 부정적 사고로 변질된다. 이는 미국 예일대학교의 심리학자 수잔 놀렌-헥세마가 제시한 이론으로, 우울과 불안을 모두 유발하고 악화시키는 핵심 인지 패턴이다. 이른바 '루미네이션'은 감정을 해소하기보다는 오히려 심화시키고, 행동으로 이어지지 못한 채 내면에 정체되어 정서 조절 능력을 약화시킨다.

신경생리학적 관점에서 보면, 과도한 걱정은 뇌의 편도체와 전전두피질 간의 상호작용과 밀접한 관련이 있다. 편도체는 공포와 위험을 감지하는 뇌의 중심 영역으로, 과활성화될 경우 사소한 자극조차 위협으로 인식하게 된다. 반면, 전전두피질은 사고조절과 판단을 담당하지만, 민성적인 스트레스와 걱정은 이 기능을 약화시켜 감정 조절 능력을 떨어뜨린다.

그 결과, 감정 조절력의 저하와 사고 편향의 증가는 이중 작용을 일으키며, 걱정이 자율적으로 통제되지 않고 점점 심화되는 메커니즘으로 이어진다.

심리학적으로 볼 때, 과도한 근심과 걱정은 단순한 감정 반응이 아니라 사고의 방식이다. 그리고 그 방식은 앞서 언급한 신경학적, 인지적 요인들에 의해 형성되고 반복적으로 강화된다.

결국 "걱정이 많다"는 것은 약한 게 아니라 오히려 우리의 뇌가 스스로를 보호하기 위해 애쓰는 방식일지도 모른다. 하지만 그 보호가 오히려 당신을 옭아매고 삶을 제약한다면, 이제는 그 사고의 방식 자체를 다시 배워야 할 때이다.

과도한 근심과 걱정을 느끼는 사람들이 자주 하는 말들

1. 미래에 대한 불안과 예측으로 과도한 근심이 생길 때

"혹시 ~~되면 어떡하지?"

"잘못되면 큰일이잖아."

"이 일이 내 인생을 망칠지도 몰라."

"앞으로 더 안 좋아질 것 같아."

"미리 대비해둬야 해. 불안해서 못 견디겠어."

내면 상태: 미래를 대비하지 않으면 위험해 질 수 있다는 두려움과 대비를 하지 않으면 스스로 무능하다고 느낀다.

2. 반복적이고 강박적으로 질문 할 때

"진짜 괜찮을까?"

"내가 뭔가 잘못한 건 아니지?"

"혹시 그 말 때문에 기분 나빴을까?"

"이대로 두면 안 되는 거 아닐까?"

"다시 한 번 확인해볼까?"

내면 상태 : 외부 확인을 통해 안도하고 싶은 심리, 누군가의 보증 없이는 안심할 수 없는 내면의 불신감을 갖고 있다.

3. 자기 비판과 과잉 책임감으로 힘들 때

"내가 괜히 그랬나 봐."

"이건 다 내 탓이야."

"내가 더 잘했어야 했는데…"

"내가 조심했으면 안 일어났을 텐데."

"항상 내가 뭔가 빠뜨리는 것 같아."

내면 상태 : 관계 속에서 거절 불안이나 실수에 대한 과잉 책임감 비난을 피하려는 선제적 자기 비판과 어릴 적부터 비난과 수치에 익숙한 심리가 반영된다.

4. 완벽성을 추구하여 회피 또는 지연하고 싶을 때

"지금은 결정하기엔 너무 이른 것 같아."

"좀 더 생각해보고 말할게."

"불안해서 아직 못하겠어."

"나중에 더 준비되면 할게."

"왠지 지금 하면 안 될 것 같은 기분이 들어."

내면 상태 : 결정에 대한 책임을 지고 싶지 않고 실패에 대한 공포로 인해 결정을 미루며 회피하려고 한다.

5. 무기력과 정서적으로 탈진이 되었을 때

"머릿속이 너무 복잡해."

"하루 종일 아무것도 한 게 없어."

"아무것도 하기 싫어."

"생각이 너무 많아서 잠을 못 자."

"왜 이렇게 사는 게 힘들지…"

내면 상태 : 수많은 걱정과 생각이 감정적 과부하를 일으킨 상태, 정리가 안 된 사고 속에서 길을 잃은 느낌으로 번아웃된 상태이다.

과도한 근심과 걱정 자가진단 체크리스트

☐ 1. 별일 아닌 것도 자꾸 걱정하게 된다.

☐ 2. 미래에 대해 막연하고 부정적인 생각이 떠나지 않는다.

☐ 3. 걱정을 멈추고 싶은데도 자꾸 생각이 반복된다.

☐ 4. 걱정을 너무 많이 해서 머리가 복잡하고 지친다.

☐ 5. 문제 해결보다 걱정 자체에 더 많은 에너지를 쓴다.

☐ 6. 중요한 결정을 내리기 어렵고 자주 미룬다.

☐ 7. 걱정 때문에 일상적인 일에도 집중이 잘 안 된다.

☐ 8. 다른 사람에게 계속 확인하거나 조언을 구한다.

☐ 9. 걱정 때문에 회피하거나 피하고 싶은 일이 많다.

☐ 10. 내가 잘못하고 있다는 생각이 자주 든다.

☐ 11. 걱정 때문에 잠들기 어렵거나 자주 깬다.

☐ 12. 가슴이 답답하거나 심장이 두근거릴 때가 있다.

감정 처방 향수 레시피

이 향은 "너무 걱정하지마 괜찮아. 지금-여기로 돌아와. 미래는 오지 않았고 오늘은 이제 시작일 뿐이야." 라고 말해준다.

(향수병 30 ml 기준, 에센셜 오일 방울 수)

🧴 강박이 있을 때

레시피1
샌달우드 14, 베티버 7, 자몽 21
레시피2
미르 5, 프랑킨센스 10, 마조람 15, 로만캐모마일 10

🧴 사소한 것에 집착할 때

레시피1
프랑킨센스2, 베티버1, 레몬3
레시피2
미르3, 파촐리6, 자몽15, 레몬12

🧴 타인에 내해 지나치게 근심할 때

레시피1
마조람27, 로만캐모마일9
레시피2
베티버3, 샌달우드9, 펜넬15, 레몬18

🧴 생각이 지나치게 많을 때

레시피1
제라늄12, 샌달우드12, 패출리 4
레시피2
클래리세이지8, 마조람4, 레몬12, 자몽12

🪔 향수 설명

이 향수는 생각이 너무 많을 땐 지금 여기에 집중해 보라고 말해준다. 생각이 연달아 꼬리를 물고 이어져 현재에 머무르지 않고 생각이 미래에 머무르고 있을 때 숨 쉬고 있는 '지금-여기'가 소중함을 느끼게 해준다.

🪔 향수가 전하는 메시지

"걱정이 많은 당신은, 그만큼 책임감 있고 섬세한 사람이에요."

"모든 걸 혼자 감당하려고 애쓰지 않아도 괜찮아요."

"가끔은, 마음도 기대어 쉴 곳이 필요하답니다."

감정의 흐름을 향기로 바꾸는 법

1. 뭐가 잘못되진 않을까 과도한 근심과 걱정에 휩싸일 때 향수를 허공에 뿌리고 향을 맡으며 지금-여기로 돌아올 수 있도록 깊게 호흡하세요. 코끝의 향을 느끼며 머리보다 몸의 감각에 집중해 보세요.

2. 결정을 못하고 회피하거나 미루게 될 때 롤온 타입의 향수를 손가락 끝에 바르고 향을 맡은 후 열 손가락으로 눈 주변, 이마, 머리를 지긋이 누르며 스스로에게 결정할 수 있는 힘이 있음을 말해주세요.

3. 걱정 때문에 잠들기 어렵고 뒤척일 때 향수를 베개와 침구류에 뿌리고 편안하게 누워 몸의 힘을 빼고 걱정도 함께 내려놓아 보세요.

"걱정이 많았구나. 하지만 지금은
괜찮아. 향기처럼 내 마음도 가볍게 흘러가길."

향기로 감정을 디자인하다.

이 향기에 내가 선물하고 싶은 이름은(   )입니다.

만든 날 |

당신이 디자인하고 싶은 감정은 무엇인가요?

그 감정은 어떤 상황에서 시작 되었나요?

내가 고른 향수는?

향수를 맡고 떠오르는 감정 또는 생각 적기

감정을 디자인한 후 마음에 어떠한 변화가 있었나요?

긴장감

: 감정의 팽팽한 실

긴장의 특징

현대인의 삶 속에서 긴장은 일상적으로 반복된다. 적절한 긴장은 집중력 향상과 성과에 긍정적인 영향을 줄 수 있지만, 그것이 지속적이고 만성적으로 유지될 경우 신체적·심리적 건강에 부정적인 영향을 미친다.

긴장은 기본적으로 '위협 인식'에 대한 신경계의 자동 반응이라 할 수 있다. 인간의 자율신경계는 생존 본능에 따라 위험을 감지하면 즉시 교감신경을 활성화시켜 신체를 경계 상태로 만든다. 이러한 반응은 단기적으로는 위기 상황에 효과적으로 대응하도록 돕지만, 장기간 지속될 경우 신경계의 균형이 무너지고 불안, 과민 반응, 신체화 증상 등 다양한 문제로 이어질 수 있다.

긴장의 특징 중 하나는 지속적인 경계 상태와 예민한 반응성이다. 이러한 상태에 있는 사람들은 외부 자극에 지나치게 민감하게 반응하거나, 사소한 일에도 쉽게 압박감과 두려움을 느끼며 뇌는 끊임없이 '무엇가 잘못될지도 모른다'는 신호를 보내게 된다. 이러한 신호가 반복되면 의식적 사고를 넘어서 자동화된 긴장 반응이 뇌에 각인된다.

또한, 긴장은 인지적 피로와 사고의 경직성을 동반한다. 과도하게 긴장한 상태에서는 유연한 사고가 어려워지고, 선택이나 판단 역시 더욱 힘들게 느껴진다. 문제가 생길 때마다 반드시 해결해야 한다는 압박감에 사로잡히고, 사소한 일도 가볍게 넘기지 못하게 되면서, 뇌는 마치 멈추지 않는 경보 시스템처럼 계속해서 작동하게 된다. 이로 인해 결정 장애, 기억력 저하, 집중력 감소와 같은 인지적 부작용이 나타날 수 있다.

정서적으로는 불안, 초조, 과민함, 분노, 무기력함 사이를 불안정하게 오가게 되는데, 흥미로운 점은 긴장이 극도로 누적되었을 때는 오히려 심리적 무기력감, 감정적

둔감, 정서적 탈진 등으로 상태가 전환되기도 한다는 점이다. 이는 신경계가 과부하 상태에서 스스로를 보호하기 위해 감정을 차단하는 일종의 방어적 메커니즘으로 이해할 수 있다.

신체적인 측면에서도 긴장은 매우 명확하게 드러난다. 근육 긴장, 두통, 턱관절 통증, 어깨 결림, 소화 장애, 불면증 등이 대표적이다. 심박수 증가, 호흡 얕아짐, 과호흡, 가슴 두근거림 같은 반응 또한 긴장이 신체적 반응으로도 연결되어 나타난다는 점을 보여준다. 이는 자율신경계의 불균형—특히 교감신경의 과활성화와 부교감신경의 저활성화—와 밀접한 관련이 있다.

특히 현대 사회에서 긴장은 '내적 압박'에서 비롯되는 경우가 많다. 완벽해야 한다는 강박, 실수에 대한 두려움, 평가받는 것에 대한 부담, 혹은 미래에 대한 불확실성 등이 긴장을 유발하는 주요 내적 요인이다. 이러한 상태는 자신도 모르는 사이에 신체와 마음 전체에 장기적으로 영향을 미치며, 만성 스트레스와 불안 장애, 심리적 소진으로 이어진다.

긴장은 단순한 불안 상태를 넘어서는 복합적인 심리·신체적 현상이며, 신경계의 '안전 회로'가 지속적으로 비상 모드로 작동하는 상태라고 볼 수 있다. 초기의 긴장은 자연스럽고 정상적인 반응이지만, 그것이 장기화되고 만성화되면 반드시 회복과 이완이 필요하다는 점이 중요하다. 신경계의 균형을 회복하고, 마음과 몸이 '지금 이 순간 안전하다'고 느끼게 하는 것이 긴장 해소의 핵심이다.

이러한 이유로 긴장 해소를 위한 접근은 단순한 스트레스 관리 차원을 넘어선다. 심리적 안정, 신경계의 조율, 감정의 완화, 그리고 감각을 통한 깊은 이완이 종합적으로 이루어져야 한다.

심리학적으로 보는 긴장

심리학에서는 긴장을 하나의 감정이라기보다, 내면의 압력에 대한 생리적·인지적 반응 상태로 이해된다. 이는 몸과 마음이 외부 또는 내부의 위협을 감지했을 때 자동적으로 작동하는 복합적인 반응 체계다. 긴장은 때로 우리를 보호하기 위한 방어 기제로 기능하지만, 그 기제가 고착되거나 만성화될 경우 오히려 삶의 질을 떨어뜨리는 요인이 되기도 한다.

정신분석의 창시자 프로이트는 긴장을 '마음속 억압된 욕망과 현실의 충돌'에서 비롯된 불안의 일종으로 보았다. 그에 따르면 긴장은 인간 내면의 본능적 욕구가 현실의 제약과 부딪힐 때 발생하며, 이러한 갈등은 무의식적으로 억눌러지면서 지속적인 긴장 상태를 만들어낸다. 현실을 살아가기 위해 욕망을 억제하는 과정은 필연적이지만, 그 억압이 지나칠 경우 정서적·신체적 불균형으로 이어질 수 있다. 한편, 스트레스 이론을 정립한 생리학자 한스 셀리는 긴장을 '비상 사태에 대한 생리적 방어 반응'으로 설명했다. 외부 자극을 위협으로 인식한 신체는 즉각적으로 교감신경계를 활성화시켜 심박수를 증가시키고, 호흡을 얕게 하며, 근육을 수축시킨다. 이러한 반응은 단기적으로 생존에 유리하지만, 장기화될 경우 신경계의 균형을 무너뜨려 다양한 신체적·심리적 질환으로 이어진다.인지심리학자 아론 벡은 긴장을 '자동적 사고'에서 기인한 인지적 반응으로 해석한다. "나는 실패할 거야", "내가 실수하면 안 돼"와 같은 부정적인 자기 대화가 반복되면, 신체는 실제로 위협에 처한 것처럼 반응하며 긴장이 고착된다. 이때 긴장은 단순한 감정으로 끝나는 것이 아니라 왜곡된 사고에서 시작되어 감정과 신체 반응까지 이어져, 인지-정서-신체의 연결된 흐름으로 나타난다.

인본주의 심리학자 칼 로저스는 긴장을 '진짜 나'와 '사회적 나' 사이의 불일치에서 비롯된 감정으로 보았다. 자신을 있는 그대로 받아들이지 못하고, 타인의 기대나 사회적 기준에 자신을 끊임없이 맞추려 할수록 내면의 갈등은 심화되고, 긴장은 더욱 깊어진다. 이는 단순한 외부 자극의 반응이 아니라, 자아에 대한 수용 부족과 내면의 분열이 만든 심리적 상태인 셈이다.

결국 긴장은 무의식적 갈등, 인지적 왜곡, 자기 불일치 등 다양한 심리적 요인이 복합적으로 작용한 결과다. 긴장을 단순한 생리 반응으로만 보기보다, 나의 사고방식과 정서, 삶의 태도 전반을 비추는 거울로 바라볼 필요가 있다. 긴장을 이해한다는 것은 곧 내 마음의 작동 방식을 이해하는 일이자, 회복의 방향을 모색하는 첫걸음이 된다.

긴장을 느끼는 사람들이 자주 표현하는 말들

1. 시험, 면접, 발표, 업무 평가, 사회적 평가가 걸린 상황일 때

"실수하면 안 되는데..."

"완벽하게 해야 돼."

"이번에도 못 하면 어떡하지?"

"사람들 앞에 서면 너무 떨려요."

"나한테 실망할까 봐 너무 불안해요."

"잘하고 싶은데, 자꾸 머리가 하얘져요."

내면 상태: 실수를 곧 실패로 인식하고, 완벽해야만 안전하다고 느낀다. 타인의 시선과 평가에 과도하게 민감하며, 외적 기준에 스스로를 맞추는 경향이 강하다.

2. 일, 가사, 돌봄, 책임감 등에 압도되어 쉴 틈이 없을 때

"그냥 멍하니 있게 돼요."

"일을 시작하려고 하면 갑자기 피곤해져요."

"머리가 너무 복잡해요."

"계속 쫓기는 기분이에요."

"숨 돌릴 틈이 없어요."

"쉬고 있어도 쉰 것 같지가 않아요."

내면 상태: 멈추면 안 된다는 압박감 속에서 스스로를 끊임없이 몰아붙인다. 책임을 내려놓는 것에 대한 두려움과, 쉬는 것조차 죄책감으로 연결된다.

3. 예민한 기질로 자주 긴장할 때

"별거 아닌 일인데도 계속 신경 쓰여요."

"누군가의 표정이 조금만 달라도 그걸로 하루 종일 기분이 흔들려요."

"실수하지 않으려 과도하게 준비하고, 결국엔 지쳐서 아무것도 못 해요."

"작은 소리에도 깜짝 놀라요."

"사소한 일에도 쉽게 피곤해져요."

"사람 많은 곳에 가면 숨이 막혀요."

내면 상태: 감각과 정서가 과도하게 열려 있어 작은 자극에도 쉽게 압도된다. 늘 경계 상태에 머물며, 안전하지 않다는 느낌이 쉽게 올라온다.

4. 과거의 충격, 불안 장애, 외상 후 긴장 상태일 때

"특별한 일이 없는데도 가슴이 내려앉고 숨이 막혀요."

"괜히 가슴이 두근거리고 숨이 막혀요."

"내가 왜 이러는지 모르겠어요. 아무 이유 없이 불안해요."

"갑자기 식은땀이 나고, 손발이 차가워져요."

"괜찮은 줄 알았는데, 또 그 일이 생각나요."

내면 상태: 과거의 위협 경험이 현재에도 계속 작동하며, 세상은 안전하지 않다고 느낀다. 신경계가 늘 비상 상태에 머물며, 작은 자극에도 쉽게 공포와 불안이 재활성화된다.

긴장 자가진단 체크리스트

☐ 1. 해야 할 일을 자꾸 미루게 된다.

☐ 2. 집중하려 할수록 생각이 산만해진다.

☐ 3. 머릿속이 하얘지거나 말문이 막히는 경험이 자주 있다.

☐ 4. 사소한 실수에도 마음이 크게 흔들린다.

☐ 5. 일을 시작하려고 하면 갑자기 피곤해진다.

☐ 6. 잠을 자도 개운하지 않거나 자주 깨는 편이다.

☐ 7. 식욕 변화가 있다. (과식 또는 식욕 저하)

☐ 8. 어깨, 턱, 등 근육이 늘 굳어 있다.

☐ 9. 누군가 나를 평가하거나 지켜본다는 생각이 자주 든다.

☐ 10. "괜히 긴장된다" 라는 말을 자주한다,

감정 처방 향수 레시피

향은, "이제 힘을 풀어도 괜찮아." 라고 말해준다.

(향수병 30 ml 기준, 에센셜 오일 방울 수)

동요, 압박 긴장할때

레시피1.
베르가못6, 자몽10, 레몬10, 클래리세이지6, 시더우드6
레시피2.
베르가못3, 자몽9, 레몬10, 사이프레스9, 시더우드3
프랑킨센스3, 로만캐모마일3

긴장이 만성적일 때

레시피1.
오렌지22, 제라늄6, 마조람8, 샌달우드4
레시피2.
오렌지16, 제라늄6, 사이프레스10, 마조람4, 프랑킨센스4

신경과민 긴장을 느낄 때

레시피1.
버가못7, 레몬12, 라벤더11, 페퍼민트2, 프랑킨센스8
레시피2.
베르가못18, 일랑일랑6, 스피어민트5, 파촐리3, 샌달우드6

트라우마성 긴장일 때

레시피1.
베르가못10, 라벤더10, 멜리사6, 사이프레스6, 베티버3, 프랑킨센스3
레시피2.
레몬12, 사이프레스12, 일랑일랑4, 헬리크리섬6, 프랑킨센스4

향수 설명

긴장이라는 감정은 마치 보이지 않는 매듭이 몸과 마음에 얽혀있는 것과 같다. 몸은 늘 경직되어 있으며, 숨 조차 편하게 쉬지 못하는 그런 상태다.

향을 깊게 들이마시는 순간, 온몸을 조이던 긴장감이 조금씩 느슨해지고, 빠듯하게 조여온 마음의 끈이 풀려나가면서 무거웠던 마음과 경직된 신경이 차분히 가라앉는다.

이 향기는

"지금은 쉬어도 되는 시간이다. 긴장을 풀어도 아무 일도 일어나지 않는다. 숨을 내쉬고, 그동안 쥐고 있던 모든 걸 잠시 내려놓아도 괜찮다."라고 평온한 상태로 부드럽게 이끈다.

 향수가 전하는 메시지

"긴장을 내려놓아도 괜찮아요. 지금은 안전합니다."

"멈춰도 괜찮아요. 아무 일도 일어나지 않아요."

"숨을 한번 깊게 내쉴 때마다, 몸도 마음도 조금 더 편안해져요."

"완벽하지 않아도 돼요. 잠시 힘을 풀어도 괜찮아요."

감정의 흐름을 향기로 바꾸는 법

1. 손목 안쪽, 가슴 중앙, 쇄골 아래에 향수를 가볍게 뿌린 뒤 "지금은 힘을 풀어도 괜찮아.", "긴장을 내려놔도 아무 일도 일어나지 않아." 라고 말하며, 천천히 복식 호흡을 세 번 반복한다.

2. 허공에 향수를 뿌린 뒤 어깨, 목, 턱의 긴장을 자각하고, 숨을 내쉴 때마다 "내려놓는다"고 의도를 갖는다.

"긴장은 나를 지키기 위해 입은 갑옷이다.
향기는 갑옷을 벗어도 안전하다는 전령이다"

향기로 감정을 디자인하다.

이 향기에 내가 선물하고 싶은 이름은(   )입니다.

만든 날 |

당신이 디자인하고 싶은 감정은 무엇인가요?

그 감정은 어떤 상황에서 시작 되었나요?

내가 고른 향수는?

향수를 맡고 떠오르는 감정 또는 생각 적기

감정을 디자인한 후 마음에 어떠한 변화가 있었나요?

무력감

: 마음의 동력이 꺼진 순간

무력감의 특징

무력감은 '아무것도 할 수 없을 것 같은 느낌'에서 비롯된 심리적 마비 상태를 말한다. "하고 싶은 마음은 있는데, 몸이 안 따라줘."라는 말처럼, 의지는 있지만 에너지가 따라주지 않는 상태가 대표적이다. 이런 상태에 놓인 사람은 종종 체념하거나 의욕을 잃고, 점점 '무의미함'이라는 감정 속에 빠져든다. 해야 할 일이 산더미처럼 쌓여 있어도 손끝 하나 움직일 수 없고, 포기하고 싶은 마음이 반복해서 밀려온다. 누군가 도와주겠다고 해도 '미안함'과 '부담감'이 먼저 올라와 마음의 문을 더 굳게 닫는다. 오랜시간 아무것도 하지 않은 채 멍하니 있는 일이 자주 반복되고, 그러한 자신을 자책하며 무력감은 더욱 깊어진다.

무력감은 단순히 '의지가 약해서' 생기는 것이 아니다. 깊은 피로, 반복된 실패, 관계에서의 상처 같은 감정들이 누적되면, 마음은 더 이상 움직이려 하지 않는다. 그 결과 마음도, 몸도 모두 '정지' 상태에 머무르게 된다. 마치 깊은 바닷속에서 헤엄치지 못한채 가라앉는 듯한 느낌. 숨을 쉴 수는 있지만, 떠오를 힘은 없는 상태. 조금만 버티면나아질 것 같다가도, 다시 무거운 감정의 물살에 휩쓸리는 이 무력감 속에는 자기비판과 체념, 그리고 '일어설 힘조차 남지 않은 마음'이 담겨 있다.

무력감의 중요한 특징 중 하나는 '의미의 상실'이다. 해야 할 일을 알고 있지만, 그것을 해야 할 이유나 동기를 찾지 못하고, 삶의 목적은 점점 흐려진다. 특히 상실, 거절, 실패의 경험이 반복될수록 무력감은 더욱 짙어지고, 마음은 '해봤자 아무 소용없다'는신념에 갇히게 된다.

무력감은 우리에게 '지금, 회복이 필요하다.'는 조용한 신호로 다가온다. 이때 자신을 탓하며 억지로 밀어붙이기보다는, 잠시 멈춰 서서 지친 마음을 알아차리는 것이 회복의 출발점이 된다. 지금 우리에게 필요한 것은 성취가 아니라, 마음의 상처를 조용히 어루만져 줄 부드러운 위로이다.

심리학으로 보는 무력감

마틴 셀리그먼은 무력감을 '학습된 무기력'이라고 설명했다. 이는 반복된 실패와 통제할 수 없는 상황을 겪으면서, 결국 어떤 시도조차 하지 않게 되는 심리적 상태를 의미한다. 반복된 좌절은 마음속에서 "어차피 안 될 거야"라는 신념을 형성하고, 이는 자기효능감을 떨어뜨려 어떤 도전도 처음부터 '이미 실패한 것'처럼 느끼게 만든다.

정신분석적 관점에서 무력감은 억눌린 분노와 슬픔이 내면에 머물다 '에너지 차단'이라는 방식으로 표출되는 증상으로 이해된다. 표현되지 못한 감정은 밖으로 흘러나오지 못한 채 안으로 쌓여 삶 전체를 무겁게 만든다.

신체적 차원에서는 만성적인 스트레스와 우울이 뇌의 신경전달물질 불균형을 초래하여 무기력 상태를 지속시키기도 한다. 심리학은 무력감을 단순한 '의지 부족'이나 '나약함'으로 보지 않는다. 그것은 깊은 심리적 상처와 에너지 고갈의 결과이며, 스스로를 몰아붙이는 태도보다 지금은 '이만하면 충분하다'는 인정을 통해 회복할 수 있다. 때로는 무기력을 극복하려 애쓰기보다, 먼저 나 자신에게 다정한 시선을 보내주는 일이 더 절실하다.

무력감을 호소하는 사람들이 자주 표현하는 말들

1. 시작조차 힘들 때

"시작을 못 하겠어."

"앉아만 있어도 너무 힘들어요."

"머릿속은 비어있는데, 그게 더 무서워요."

"일단 해보자는 생각조차 안 들어요."

내면 상태: 자존감이 저하되었거나 자기 효능감이 상실된 상태이며 에너지 고갈로 아무것도 할 수 없다고 느낀다.

2. 의미가 느껴지지 않을 때

"이걸 왜 해야 하는지 모르겠어요."

"다 필요 없다는 생각만 들어요."

"지금 이 삶에 내가 있는 이유를 모르겠어요."

"다 버리고 사라지고 싶어요."

내면 상태: 목적을 상실하여 삶이 무의미하다고 느끼며 실존적으로 공허함을 자주 느낀다.

3. 도움받는 것도 힘들 때

"누가 도와주겠다고 해도, 괜히 미안하고 싶어요."

"도움받는 것도 힘들고, 그냥 혼자 있고 싶어요."

"사람들 만나는 것도 지쳐요."

내면 상태: 타인과 감정적으로 단절을 원하며, 방어기제를 사용하여 스스로 고립을 자청한다.

4. 반복적으로 자기를 자책할 때

"나는 왜 이것밖에 안 될까."

"다른 사람들은 다 잘 사는 것 같은데, 나만 이래요."

"그냥 내가 문제인 것 같아요."

"나란 사람은 뭘 해도 안 돼요."

내면 상태: 실패 경험을 일반화 시키는 경우가 종종 있고, 자기 비판을 내면화하여 스스로에게 상처를 준다.

무력감 자가 진단 체크

☐ 1. 아무것도 하지 않고 있는 시간이 늘어났다.

☐ 2. 하던 일에 흥미가 사라지고, 의욕이 전혀 생기지 않는다.

☐ 3. 무언가를 시작하려고 하면 이유 없이 피곤해진다.

☐ 4. 자꾸 스스로를 '무능하다'고 느끼고 있다.

☐ 5. 가끔은 "그냥 사라지고 싶다"는 생각이 든다.

☐ 6. 주변 사람과 연락을 피하게 되고, 혼자 있는 시간이 많아졌다.

☐ 7. 무기력한 상태가 2주 이상 지속되고 있다.

감정 처방 향수 레시피

무력감은 의지로 밀어붙인다고 해결되지 않는다. 마음 깊은 곳에서 "괜찮아, 넌 지금 쉬어도 돼."라는 메시지와 함께 향기를 맡는다.

(향수병 30 ml 기준, 에센셜 오일 방울 수)

🧪 결정력이 부족할 때

레시피1
시더우드4, 진저3, 클래리세이지3
레시피2
로즈마리3, 클래리세이지2, 사이프러스3, 베르가못2

🧪 단호하지 못할 때

레시피1
시페리안퍼4, 진저2, 코파이바1
레시피2
로즈마리3, 타임2, 사이프러스2, 시더우드3

🧪 변화에 저항할 때

레시피1
시더우드2, 사이프레스5, 주니퍼3
레시피2
진저3, 클래리세이지2, 사이프러스2, 자몽3

🧪 만성적으로 우유부단할 때

레시피1
클래리세이지5, 자몽3, 시더우드1, 로즈마리1
레시피2
로즈마리3, 사이프러스2, 진저2, 베르가못3

🪔 향수 설명

이 향수는 "지금의 느림도 성장의 일부예요. 당신 안에는 꺼지지 않는 불씨가 있어요."라고 조용히 말해주는 향기이다. 아무것도 할 수 없을 것 같은 날, 이 향수를 손에 들고 조용히 향을 맡아 보자. 무겁고 어두웠던 감정 속에 향기가 부드럽게 스며들며, 조금씩 아주 조금씩 마음의 활력을 찾게 해준다.

🪔 향수가 전하는 메시지

"당신은 무기력한 사람이 아닙니다. 지금은 잠시 멈춘 것뿐입니다."

"당신이 힘들었던 건, 당신 탓이 아닙니다."

"다시 일어설 수 있습니다. 지금은 그저 쉬어도 괜찮습니다."

감정의 흐름을 향기로 바꾸는 법

1. 아침에 눈을 떴을 때, 손목에 향수를 뿌려보세요. 향기가 오늘 하루의 시작을 부드럽게 열어줄 거예요.

2. 아무것도 하기 싫은 날에는 향수를 뿌리고 조용히 호흡하세요. 향 속에 마음을 맡기면 조금은 움직일 힘이 생길 수 있어요.

향을 맡으며 "나는 오늘, 숨을 쉬는 것만으로도 괜찮아."라고 되뇌어보세요.

3. 밤이 깊어 외로움이 밀려올 때, 향수를 가슴 가까이에 뿌리고 조용히 눈을 감아보세요. 향기가 그 고요함 속에 당신을 특별한 존재감을 만들어 줄 거예요.

4. 나 자신에게 너무 실망스러울 때, 향수를 손에 들고 이렇게 말해보세요. "괜찮아, 지금 이대로도 충분해."

5. 자신이 무의미하게 느껴질 때, 이 향을 들이마시며 이렇게 말해보세요.

"나는 지금 이 자리에 존재할 이유가 있다. 내가 아무것도 하지 않아도, 나는 소중하다."

"무력감은 의지가 멈춘게 아니라
지친 마음이 보내는 마지막 구조신호다.
향기는 그 신호를 품고 새숨을 선물한다."

향기로 감정을 디자인하다.

이 향기에 내가 선물하고 싶은 이름은 (   )입니다.

만든 날 |

당신이 디자인하고 싶은 감정은 무엇인가요?

그 감정은 어떤 상황에서 시작 되었나요?

내가 고른 향수는?

향수를 맡고 떠오르는 감정 또는 생각 적기

감정을 디자인한 후 마음에 어떠한 변화가 있었나요?

분노

: 마음의 불꽃

분노의 특징

분노는 누구에게나 찾아오는 감정이다. 예상치 못한 말 한마디, 반복되는 무시, 억울한 상황 앞에서 마음속 어딘가에서 갑작스럽게 불꽃처럼 타오른다.

분노는 단지 '화를 내는 감정'이 아니라 마음 깊은 곳의 상처와 억눌린 갈망이 표면으로 드러나는 방식일 수 있다. 감정이 격해졌다는 것은, 그만큼 당신의 마음이 오랫동안 참아왔다는 의미이기도 하다. 분노는 인간이라면 누구나 느끼는 자연스러운 감정이지만 많은 사람들이 이 감정을 '나쁜 감정', '조절해야 할 감정', '표현하면 안 되는 감정'으로 오해한다. 그렇다면 분노는 왜 생길까? 그리고 왜 어떤 사람은 쉽게 화를 내고, 또 어떤 사람은 끝까지 화를 억누르려 할까?

심리학에서는 분노를 위협으로부터 자신을 보호하려는 정서적 반응으로 본다. 분노는 우리가 느끼는 '심리적 경계'가 침해되었을 때 나타나는 자연스러운 신호다. 누군가 내 감정을 무시하거나, 내 권리를 침해하거나, 부당한 대우를 했을 때, 우리의 마음은 "지금 나를 지켜야 해!"라고 외치며 분노를 통해 경고를 보낸다.

예를 들어, 상사가 반복적으로 내 의견을 무시할 때, 연인이 나를 존중하지 않고 말할 때, 혹은 내가 나 자신을 자책하며 스스로를 몰아붙일 때조차, 우리 안의 '자기 보호 시스템'은 작동한다. 그리고 그 결과로 분노가 일어난다. 분노는 겉으로는 단순히 화가 난 것처럼 보이지만, 그 이면에는 전혀 다른 감정들이 숨어 있을 수 있다. 심리학에서는 이를 '2차 감정'이라 부른다. 분노는 종종 슬픔, 실망, 두려움, 수치심 같은 감정을 감추기 위한 방어 수단으로 나타나며, 약해 보이지 않기 위해 꺼내든 감정의 '갑옷'일수 있다. 그렇기에 누군가 분노를 드러낼 때, 그 이면에 어떤 상처와 감정이 숨겨져 있는지를 들여다보는 일이 중요하다.

분노는 억누를수록 더욱 강해진다. 많은 사람들은 "화를 내면 안 된다", "참는 것이 미덕이다"라는 말을 듣고 자라왔다. 하지만 억눌린 분노는 언젠가 다른 방식으로 폭발하거나, 혹은 몸과 마음을 병들게 만든다. 특히 분노를 표현하지 못하고 안으로 삼키게 되면, 그 화살은 결국 자신을 향하게 된다. 그래서 무기력하거나 자신을 끊임없이 비난하는 사람들 중에는 '내면화된 분노'를 지닌 경우가 많다.

분노는 때로 관계를 단절시키기도 하는데, 분노를 자주 폭발시키는 사람은 주변 사람들과 신뢰를 쌓기 어렵고, 분노를 지나치게 억누르는 사람은 자신을 점점 고립시키기 때문이다. 이러한 문제들은 감정을 잘 표현하는 법을 배우지 못했다는데 있다. 화가 날 때 "나 지금 화났어. 왜냐하면 난 이런 대우를 받을 이유가 없다고 느껴..."라고 감정과 이유를 명확히 표현하면, 건강한 경계와 관계를 만들 수 있다. 하지만 "넌 왜 그래!", "다 네 탓이야!"라는 식으로 터뜨리면, 갈등만 깊어지게 된다.

분노에는 자존감이 걸려 있기도 하다. 심리학적으로 분노는 자신의 존엄성과 가치를 지키기 위한 감정이라서 자존감이 낮거나, 반복적으로 상처받은 사람일수록 작은 자극에도 과도하게 반응하게 되는 것이다. 이런 생각이 반복되면, 분노는 감정이 아니라 삶의 태도처럼 굳어지기도 하기 때문에, 이처럼 되지 않기 위해서는 분노를 다룰 때는 감정을 억누르거나 없애는 것이 아니라, 스스로의 가치를 다시 회복하고, 건강하게 표현하는 법을 배우는 것이 중요하다.

심리학으로 보는 분노

심리학자 로버트 플루치크는 분노를 인간의 생존 본능에서 비롯된 기본 감정 중 하나라고 설명했다. 분노는 위협에 대처하고, 부당한 상황에서 자신의 경계를 세우기 위한 감정이다. 즉, 분노는 나의 경계를 지키기 위해 타인에게 "멈춰!"라고 말하는 우리 안의 외침일 수 있다.

아론 벡은 분노가 우리 안의 비합리적인 신념에서 비롯된다고 했다. 예를 들어 "사람들은 나를 항상 존중해야 해"라는 믿음이 깨질 때, 마음속에 분노가 치밀어오른다.

감정은 사건 자체보다 그 사건을 해석하는 우리의 생각이 만들어낸다는 견해를 가진 학자도 있다.

미국 심리학자 앨버트 엘리스는 "사건이 아닌, 그 사건에 대한 생각이 결과적으로 감정과 행동을 유발한다."고 했다. 같은 상황에서도 어떤 사람은 화가 나고, 어떤 사람은 슬퍼지는 이유는 바로 그 해석이 다르기 때문이다.

레슬리 그린버그는 그의 저서 정서중심치료에서 분노는 억압된 감정에 대한 방어적 반응으로 발생할 수 있으며, 건강한 분노 표현은 자기 존중과 경계 설정의 힘이 될 수 있다고 강조한다.

심리학은 분노를 단순히 다스려야 할 감정이 아니라, 제대로 들여다봐야 할 신호로 바라본다. 그것을 부드럽게 마주할 수 있다면, 분노는 상처가 아닌 회복의 시작이 될 수도 있다.

"지금 나를 화나게 한 그 장면 뒤엔, 혹시 오래도록 들어주지 못한 나의 아픔이 숨어 있는 건 아닐까?"

분노를 느끼는 사람들이 자주 표현하는 말들

1. 불공정과 부당함에 민감해질 때

"이건 말도 안 돼."

"도대체 왜 나만 이런 대우를 받아야 해?"

"세상은 너무 불공평해."

내면 상태: 정의감과 기대치가 높은 편이며, 타인이나 사회로부터 정당한 대우를 받지 못했다는 느낌이 분노를 유발한다. 분노의 이면에는 "나는 공정한 대우를 받을 자격이 있어"라는 강한 신념이 숨어있다.

2. 경계가 무너졌다고 느낄 때

"그 사람이 나를 무시했어."

"내 말을 전혀 듣지 않아."

"더 이상 못 참겠어."

내면 상태: 자기 존중감이 무시당하거나 통제당하는 상황에서, '나의 존재가 무시된 다'고 느낄 때 강한 분노가 솟아오른다.

3. 억눌림과 무력감으로 분노를 느낄 때

"왜 나만 참아야 해?"

"다 내 탓이라는 거야?"

"나도 사람인데, 나도 화가 나."

내면 상태: 자신을 계속 억누르고 감정을 참아온 사람들에게서 자주 나타나는 말로 평소에는 잘 표현하지 않다가, 누적된 스트레스가 울컥, 또는 폭발 형태로 나타나며 감정 표현이 익숙하지 않은 사람일수록 이 경향이 강하다.

4. 감정이 뒤엉켜 표현될 때

"나도 내가 왜 이렇게 화가 나는지 모르겠어."

"화를 내고 나면 후회돼."

"그냥 다 짜증나."

내면 상태: 불안, 상실, 수치심, 슬픔 등의 감정이 분노라는 2차 감정으로 표현된다. 정서적으로 복잡하고 혼란스러워서 감정을 인식하거나 정리하기 어려운 상태이다.

분노 자가 진단 체크

☐ 1. 사소한 일에도 짜증이 쉽게 난다.

☐ 2. 누군가의 말이나 행동에 과하게 반응한다.

☐ 3. 화를 내고 나서 후회하거나 죄책감을 느낀다.

☐ 4. 주변 사람들이 "요즘 너무 예민해"라고 말한 적 있다.

☐ 5. 감정을 억누르다가 폭발하는 일이 있다.

☐ 6. 스트레스를 받으면 분노로 반응하는 경향이 있다.

☐ 7. 화가 났을 때 몸이 떨리거나, 심장이 빨리 뛴다.

☐ 8. 화를 내는 동안 기억이 잘 나지 않거나 이성적 판단이 어려웠다.

☐ 9. 내 분노가 관계를 망치고 있다고 느낀 적 있다.

감정 처방 향수 레시피

향기는 감정의 뇌를 즉각 자극할 수 있는 통로이다. 특정 향은 부교감신경을 활성화시켜 몸을 이완시키고, 심박수를 낮춰준다. 향을 맡는 것만으로도 뇌와 몸이 동시에 "이제 진정해도 괜찮아"라는 신호를 받게 된다.

(향수병 30 ml 기준, 에센셜 오일 방울 수)

과민해지거나 좌절이 느껴질 때

레시피 1
오렌지14, 베르가못28, 로만캐모마일7
레시피 2
오렌지18, 페퍼민트12, 베르가못12

성급해지거나 편협한 생각이 들 때

레시피 1
베르가못14, 라벤더21, 페퍼민트7
레시피 2
라벤더12, 베르가못8, 자몽8, 오렌지10

분노 조절이 안될 때

레시피 1
야로우14, 로만캐모마일7, 베르가못14
레시피 2
로즈5, 라벤더7, 베르가못15, 오렌지10

분노가 쌓여 억울하고 비통할 때, 트라우마로 남게 되었을 때

레시피 1
로즈18, 라벤더12, 베르가못12
레시피 2
로즈10, 로만캐모마일10, 자몽20

🎍 향수 설명

이 향수는 "감정이 파도처럼 몰아치지만, 언젠가는 잔잔해져요." 라고 토닥여주는 듯한 향기이다. 말해도 소용없고, 이해받지 못할까 봐 움츠렸던 순간들. 그래서 이젠 소리라도 지르고 싶은 마음이 불쑥 올라 올 때, 이 향수를 뿌려보자. 분노에 삼켜졌다고 느껴질 때, 내가 나를 붙잡아 줄 수 있도록 이 향기가 도와줄 것이다.

🎍 향수가 전하는 메시지

"분노는 약함이 아니라, 너무 오래 참고 견뎌온 마음의 울부짖음일지 몰라."

"그래..그만큼 힘들었구나. 마음에 쌓아두지 말고 그때 그때 말해봐. 괜찮아"

"나는 네가 왜 화나는지… 조금은 알 것 같아."

감정의 흐름을 향기로 바꾸는 법

1. 분노와 좌절의 감정이 올라올 때 향수를 허공에 뿌린 뒤 느껴지는 감각을 기록해 보세요. '나는 지금 무엇 때문에 분노하는가? 그 밑의 감정은 무엇인가?'를 적어보세요.

2. 손바닥에 향수를 뿌리고 손끝으로 분노의 에너지를 흘려보내도록 손등과 손바닥을 부드럽게 마사지 해보세요. 손끝에서 열이 빠져나간다고 상상하며 억눌린 감정을 부드럽게 흘려보내세요.

3. 향수를 손목에 뿌리며 눈을 감고 "나는 이 분노를 이해하고, 이제 놓아줍니다."라는 말을 마음속으로 반복하여 마음을 정화해 보세요.

"분노는 나를 지키기 위한 마음의 신호야.
지금은 그 마음을 이해해줄 시간이 필요해.."

향기로 감정을 디자인하다.

이 향기에 내가 선물하고 싶은 이름은 (   )입니다.

만든 날 |

당신이 디자인하고 싶은 감정은 무엇인가요?

그 감정은 어떤 상황에서 시작 되었나요?

내가 고른 향수는?

향수를 맡고 떠오르는 감정 또는 생각 적기

감정을 디자인한 후 마음에 어떠한 변화가 있었나요?

불안

: 보이지 않는 미래를 걱정하는 감정

불안의 특징

불안은 아직 일어나지 않은 일에 대해 긴장, 걱정, 두려움 등의 감정이 마음속에서 끊임없이 반응하는 심리적 상태를 말한다. 그렇지만 불안을 꼭 부정적으로만 볼 필요는 없다. 불안은 뇌가 예측할 수 없는 위험에 대비하기 위해 작동하는 생존 시스템이기 때문이다. 특히 안전과 통제가 느껴지지 않을 때, 뇌는 가능한 모든 시나리오를 떠올리며 일어날 수 있는 일에 대비하려고 한다. 문제는 그 결과 과도한 긴장과 경계 상태가 지속된다는 것이다. 몸은 쉬고 있는데도 가슴이 두근거리고, 휴식을 취하고 있어도 머릿속은 여전히 바쁘다. "괜찮은데도 불안해요." "별일 없는데 자꾸 가슴이 뛰어요." 이처럼, 불안에 있는 사람들은 아무 일도 일어나지 않았는데, 무언가 잘못될 것 같은 느낌이 계속 되면서 현실보다 상상 속 위기에 더 집중한다. 그 과정에서 피로감이 누적되고, 심장은 빨리 뛰고, 숨은 얕아지며, 위장 기능이 약해지는 등의 신체적 증상도 동반된다.

불안의 중요한 특징 중 하나는 심리적 불균형이다. 불안함은 마치 안개 속을 걷는 것과 같아서 마음은 앞으로 나아가고 싶지만 어느 방향이 안전한지 알 수 없어서 발걸음을 떼는 것조차 한없이 조심스러워진다. 겉으로는 멀쩡해 보여도, 마음속에서는 끊임없이 "지금 이 상태로 괜찮은 걸까?" 하는 질문이 계속된다. 자기비판이 강하고 완벽주의적 성향이 클수록 불안은 더 쉽게 커진다. 특히 수치심, 죄책감, 관계에서의 긴장감이 해소되지 않은 채 내면에 남아 있을 때, 불안은 더욱 깊이 뿌리내린다. 부정적인 감정이 쌓이면 마음의 중심이 흔들리고, 그 중심을 회복하기 전까지는 아무리 노력해도 마음은 좀처럼 편해지지 않는다.

그래서 불안은 때로 이렇게 속삭인다. "지금, 네가 불편하다는 사실을 먼저 인정해

줘." "지우려 하지 말고, 그냥 그 자리에 있는 걸 알아차려 줘." 불안을 덜기 위한 첫걸음은 감정을 억누르지 않는 것이다. 불안을 없애려 애쓸수록, 마음은 더 긴장하게 되고 몸은 더 경직된다. 그보다는, 지금 내 마음이 어떤 신호를 보내고 있는지를 부드럽게 들여다보는 것이 회복의 시작이다.

심리학으로 보는 불안

불안할 때 우리의 뇌는 위협을 예측하고 감지하기 위해 항상 '깨어 있으려' 한다. 그래서 밤에도 쉽게 잠들지 못하고, 작은 자극에도 깜짝 놀라며, 머릿속은 쉬지 않고 돌아간다. 심리학자 제프리 앨런 그레이는 불안을 '회피 시스템의 과잉 반응'이라고 보았다. 뇌가 실패나 처벌을 예측하고, 그것을 피하기 위해 행동을 억제하는 방식이다. 즉, 불안은 행동을 방해하는 것이 아니라 '지금은 움직이지 말라'는 경고음인것이다

정신역동 이론에서는 억눌린 갈등이나 욕구가 불안이라는 형태로 전환되어 나타날 수 있다고 본다. 마음속에 아직 정리되지 않은 감정, 끝나지 않은 대화, 해결되지 않은 상처들이 불안을 통해 다시 몸과 마음을 자극하는 것이다.

그래서 불안은 종종 '무의식의 언어'라고 불린다. 말로 설명되지 않지만, 몸과 감정이 먼저 반응한다. 설명할 수 없는 불편함, 이유 없이 올라오는 두근거림이나 긴장감은 마음속 깊은 곳에서 미처 표현되지 못한 감정의 흔적일 수 있다.

심리학자 프로이트는 불안을 '내면의 갈등에서 비롯된 경고 신호'로 보았다.

즉, 우리가 감당하지 못한 욕구나 충동, 두려움이 무의식에 쌓여 있다가 그 에너지가 넘칠 때, 불안이라는 형태로 표출된다는 것이다. 그는 불안을 "위험에 대비하라는 내면의 사이렌"이라 표현했다.

미국정신의학회가 발간한 정신질환 진단의 표준 기준서인 DSM-5에서는 범불안장애, 공황장애, 광장공포증, 특정 공포증, 사회불안장애, 분리불안장애, 선택적 함구증으로 크게 7가지 하위유형으로 나눈다.

1. 범불안장애는 다양한 일상적 상황에 대해 과도하고 통제되지 않는 걱정이 6개월 이상 지속되는 현상을 말한다.

2. 공황장애는 예기치 못한 공황발작이 반복되며, 추가 발작에 대한 지속적인 걱정이 동반된다.

3. 광장공포증은 탈출이 어렵거나 도움받기 힘든 상황에 대한 불안을 말한다. (예: 혼자 외출, 군중 속, 버스) 등에서 불안을 느낀다.

4. 특정 공포증은 특정 대상이나 상황 (예: 동물, 고소공포, 주사 등)에 대한 비합리적이고 극심한 공포를 말한다.

5. 사회불안장애는 사회적 상황에서 타인의 평가나 부정적 판단에 대한 과도한 불안을 말한다.

6. 분리불안장애는 주요 애착 대상과 분리될 때 과도한 불안을 느끼는 장애 (어린이뿐 아니라 성인에게도 진단 가능)이다.

7. 선택적 함구증은 특정 사회적 상황(예: 학교 등)에서 말을 해야 할 필요가 있음에도 말을 하지 않는 상태이다.

이처럼 불안은 단순한 감정으로 인한 것이 아니라, 그 배경에는 여러 원인이 있음을 알 수 있다. 그것은 우리 내면에서 여전히 다뤄지지 못한 무언가가 있다는 사실을 조용히 알려주는 무의식의 신호일 수 있다.

불안을 겪는 사람들이 자주 표현하는 말들

1. 설명할 수 없는 막연한 불안이 일어날 때

"아무 일 없는데도 계속 불안해요."

"자꾸 가슴이 뛰고, 숨이 차요."

"언제 어디서 터질지 모른다는 생각이 들어요."

"이유는 모르겠는데 그냥 무서워요."

내면 상태: 마음속 '위험 레이더'가 지나치게 민감해진 상태이다. 무의식이 계속 위기를 예측하며 과도한 긴장을 유지하고 있는 상태이다.

2. 감정적 혼란, 생각의 과부하가 일어날 때

"생각이 너무 많아요, 그만하고 싶은데 안 멈춰져요."

"머릿속이 복잡한데 정리가 안 돼요."

"자꾸 부정적인 상상만 하게 돼요."

"미래가 너무 불확실해서 아무것도 못 하겠어요."

내면 상태: 불안을 해소하려는 과도한 사고 활동이 오히려 감정을 더 악화시키는 상태이다.

3. 신체 반응으로 나타나는 불안일 때

"심장이 자꾸 뛰고, 손에 땀이 나요."

"속이 불편하고, 밥맛도 없어요."

"아무 일도 안 했는데 너무 피곤해요."

"자다가도 깜짝 놀라서 깨요."

내면 상태: 만성 긴장이 자율신경계에 영향을 주어 뇌가 '위기 상황'이라고 오해하고 있는 상태이다. 신체-정서 연결이 과활성화되고 있다.

불안 자가진단 체크리스트

☐ 1. 자주 초조하고, 사소한 일에도 긴장한다.

☐ 2. 생각이 많아 잠을 잘 이루지 못한다.

☐ 3. 부정적인 시나리오를 자주 상상한다.

☐ 4. 이유 없이 피곤하거나 무기력해진다.

☐ 5. 가슴이 답답하고, 깊은 호흡이 어려울 때가 많다.

☐ 6. 신체 통증(두통, 위장장애 등)이 자주 생긴다.

감정 처방 향수 레시피

향은 뇌의 변연계를 자극해 감정과 기억에 직접 작용한다. 불안 상태에서 향기는 "당신은 지금 안전하다."라고 지지하며 따뜻하게 위로해준다.

(향수병 30 ml 기준, 에센셜 오일 방울 수)

🧴 광장공포증이 생길 때

레시피1
시더우드5, 멜리사3, 주니퍼베리2
레시피2
라벤더3, 베티버2, 네롤리3, 사이프러스2

🧴 갑작스런 공포, 특히 밤에 일어나는 공포감이 몰려올 때

레시피1
로즈4, 제라늄2, 베티버4
레시피2
라벤더3, 멜리사2, 베티버2, 네롤리3

🧴 불안감으로 인한 자포자기하고 싶을 때

레시피1
샌달우드3, 라벤더4, 베르가못3, 로즈1
레시피2
로즈3, 일랑일랑2, 베티버2, 네롤리3

🧴 건강염려증으로 불안할 때

레시피1
사이프러스3, 라벤더1, 파촐리3, 라임 3
레시피2
멜리사3 라벤더3 사이프러스2 네롤리2

 향수 설명

이 향수는 '괜찮아, 아무 일도 일어나지 않을 거야'라고 조용히 안심시켜 주는 향기이다. 마음이 자꾸 앞서가고, 보이지 않는 걱정에 숨이 가빠질 때, 나를 '지금 여기'로 안전하게 데려와 준다. 또한 흉부를 조이던 불안감을 풀어주고 흔들리던 마음을 단단하게 잡아주는 향기이다.

 향수가 전하는 메시지

"당신의 불안은 경고가 아니라, 위로가 필요한 신호입니다."

"지금은 걱정보다 안정을 선택해야 할 때입니다."

"당신은 지금 충분히 잘하고 있어요, 아주 잘 이겨내고 있어요."

감정의 흐름을 향기로 바꾸는 법

1. 불안이 올라올 때, 천천히 호흡하며 향을 맡아보세요. 향이 당신의 심장으로 스며드는 것처럼 느껴보세요.

2. 예정된 일정이 부담스러울 때, 손목에 향수를 뿌리고 말해보세요.

"나는 지금 이 순간에 머물러도 괜찮다." 라고 속삭이며 마음의 속도를 늦춰봅니다.

3. 잠들기 어려운 밤, 침구에 향수를 뿌려보세요. 포근한 향이 당신의 불안을 천천히 진정시키며, 편안하게 잠들 수 있도록 이끌어 줄 거예요.

"불안은 도망쳐야 할 감정이 아니라,
이해받고 싶은 마음의 신호다. 향기는 그 마음에 말을 걸고,
'괜찮아, 너는 안전해' 라고 속삭인다."

향기로 감정을 디자인하다.

이 향기에 내가 선물하고 싶은 이름은(   )입니다.

만든 날 |

당신이 디자인하고 싶은 감정은 무엇인가요?

그 감정은 어떤 상황에서 시작 되었나요?

내가 고른 향수는?

향수를 맡고 떠오르는 감정 또는 생각 적기

감정을 디자인한 후 마음에 어떠한 변화가 있었나요?

:영혼의 이슬비

상실과 애도의 특징

"상실은 개인이 중요하게 여기는 대상이나 가치(예: 사람, 관계, 신념, 자아상 등)와의 단절로 인해 경험하는 정서적 고통을 의미한다." 이는 단순한 물리적 이별을 넘어, 정서적·심리적 유대의 상실까지 포함되며, 자기 정체감과 삶의 의미에 깊은 영향을 미친다.

삶을 살아가다 보면 우리는 누구나 사랑하는 존재나 소중한 가치를 잃는 경험을 하게 된다. 그럴 때 마음 한켠이 뻥 뚫린 듯한 공허함, 말로 다 표현할 수 없는 고요한 아픔이 밀려온다. 그리고 그 아픔은 꼭 눈에 보이는 이별에서만 비롯되지 않는다. 상실은 단지 '죽음'처럼 명백한 이별만을 뜻하지 않는다. 그것은 나에게 의미 있었던 무언가와의 연결이 끊겼을 때 찾아온다. 사람, 관계, 꿈, 신념, 자아상, 건강… 우리가 마음을 담았던 모든 것들이 상실의 대상이 될 수 있다. 이별하지 않아도 상실할 수 있고, 누군가 곁에 있어도 마음이 멀어졌다면 그것 역시 상실이다. 상실은 단순히 '무언가를 잃었다'는 사실적 현상을 넘어 그것을 통해 '나는 누구인가'라는 근원적 질문을 우리 앞에 놓는다.

상실이 불러오는 내면의 흔들림은 정체성의 혼란으로 이어지고, 익숙했던 일상과 관계가 무너질 때 나라는 존재 역시 함께 흔들린다. "지금의 나는 누구인가요?"라는 질문은 상실 이후 자연스럽게 마주하게 되는 마음의 반응이다. 또한 아무것도 할 수 없다는 무력감, 삶을 통제할 수 없다는 느낌이 깊은 내면의 위축으로 이어지기도 한다. 이처럼 상실은 단지 '무언가가 사라진 사건'이 아니라, 그 존재가 내게 어떤 의미였는지를 비로소 마주하게 하는 '마음의 거울'이라 할 수 있다.

애도는 상실 이후 나타나는 심리적·정서적 반응의 총체로, 단순한 슬픔을 넘어 심리적 조정 과정을 포함한다. 즉, 상실을 인지하고 감정적으로 통합하며 새로운 현실에 적응해 나가기 위한 내면적 작업이다.

애도는 단순히 '슬퍼지는 감정'만이 아니라 깊은 슬픔, 외로움, 죄책감, 공허감을 느끼는 정서 반응과 현실 부정, 자책, 죽음에 대한 생각을 하는 등의 인지 반응과 피로, 식욕 부진, 수면 장애, 면역력 저하 등의 신체 반응, 그리고 고립, 울음, 회피 등의 행동 반응으로 구성 된다.

그건 마치 깊은 바다에 빠진 듯한 경험과도 같다. 덮치는 파도로 인해 숨이 차고, 어디로 가야 할지 방향을 잃어 정신이 혼미한 상태가 된다. 방향을 잃고 그 바다를 통과하는 동안, 우리의 몸과 마음, 그리고 영혼은 다양한 방식으로 여러 반응을 하게 된다. 그것은 우리의 내면이 상실이라는 파도를 견디고 회복하려는 자연스러운 움직임이다.

심리학에서 보는 상실과 애도

정신과 의사이면서 정신분석학자인 에드워드 존 모스틴 볼비는 인간은 안정된 애착 대상을 상실할 경우, 심리적 붕괴와 애도 반응을 겪는다고 말했다. 애착 대상을 잃는다는 것은, 단순한 '사람'을 잃는 것이 아니라 '안전감, 정체성, 세상에 대한 신뢰'를 잃는 것이다.

심리학과 교수 로버트 A. 네이마이어는 의미 재구성 이론에서 상실은 삶의 의미 자체를 흔드는 사건이라고 말했다. 따라서 치유의 핵심은 "이 상실의 의미를 내 삶 속에서 어떻게 다시 만들 것인가"에 있다고 보았다.

또한 심리학자들은 상실은 종종 외상으로 이어지지만, 반면에 심리적 성장의 기회가 되기도 한다고 말한다.

그 중 윌리엄 워든 박사는 상실과 애도를 심리적 성장의 기회로 삼을 수 있는 방법으로 '사별애도 활동'을 제시하고 있다. 사별 애도 활동에는 4가지 과업이 있는데 이 4가지 과업은 상실의 현실을 받아들이고, 슬픔의 고통을 경험하여 표현하고, 고인이 없는 새로운 환경에 적응하고, 정서적인 재연결을 통해 삶을 계속해 나간다는 능동적 활동으로 이루어져 있다. 4가지 과업은 심리적 성장의 여정임을 알 수 있는데 이 과업들을 잘 수행함으로써 상실과 애도로 고통받은 감정을 회복하고 현재의 삶을 살아갈 수 있다고 보았다.

상실과 애도를 느끼는 사람들이 자주 표현하는 말들

1. 현실을 받아들이기 어려울 때

"설마… 아직도 믿기지 않아요."

"그 사람이 그냥 잠깐 멀리 간 것 같아요."

"아직도 문을 열고 들어올 것 같아요."

"이게 꿈이면 좋겠어요."

"말도 안 돼요, 왜 이런 일이 생긴 거죠?"

내면상태 : 상실의 상황을 받아 들일 수 없어 부정하게 된다.

2. 억울함, 화, 책임을 찾으려는 감정이 들때

"왜 나한테 이런 일이 생긴 거죠?"

"그 사람이 날 두고 가버린 거예요."

"세상은 너무 불공평해요."

"그때 그렇게 하지 말았어야 했는데!"

"하느님은 왜 이걸 허락하신 걸까요?"

내면상태 : 왜 이런 일이 생겼는지 억울함과 분노의 감정이 올라와 세상, 타인, 신에 대해 원망하게 된다.

3. 내가 뭔가 잘못한 것 같다는 생각이 들때

"내가 좀 더 잘했더라면…"

"그때 전화 한 번만 더 했더라면…"

"내가 먼저 알아봤어야 했어요."

"끝까지 곁에 있어주지 못한 게 미안해요."

"이건 다 내 탓 같아요…"

내면상태 : 상실에 대한 죄책감으로 자책하고 후회하게 되면서 2차 감정을 경험한다.

4. 무기력, 상실감, 고립감이 들때

"모든 게 무의미해요."

"그 사람 없이 살아가는 게 상상이 안 돼요."

"하루하루가 너무 길고 힘들어요."

"기억이 너무 선명해서 더 아파요."

"내 마음은 아직도 거기에 머물러 있어요…"

내면상태 : 깊은 슬픔에 빠지거나 우울한 상태가 된다.

5. 나 자신이 누구인지, 어떻게 살아야 할지 모를 때

"이젠 내가 누군지 모르겠어요."

"내 인생은 이제 어떻게 되는 거죠?"

"그 사람 없이 나는 아무것도 아닌 것 같아요."

"모든 게 멈춰버린 느낌이에요."

"앞으로 살아야 할 이유가 있을까요?"

내면상태 : 내면이 혼란스럽고 정체성에 의문을 품게 된다. 또한, 삶이 공허하다고 느 낀다.

6. 조금씩 회복 중이거나, 의미를 다시 구성할 때

"이 슬픔도 내 일부인 것 같아요."

"그 사람과의 추억을 마음에 담고 살아가려 해요."

"이 상실을 통해 배운 게 있어요."

"완전히 잊는 건 아니고, 함께 간직하며 살아가는 거예요."

"시간이 조금씩 나를 도와주고 있어요."

내면상태 : 조금씩 상황을 수용하면서 다시 살아갈 의미를 찾게 된다.

상실과 애도 감정 자가진단 체크리스트

☐ 1. 믿기지 않거나, 아직도 상실을 현실로 느끼지 못한다.

☐ 2. 하루 중 문득문득 슬픔이 밀려오고 눈물이 난다.

☐ 3. 무기력하고, 아무것도 하기 싫고 의미 없다 느낀다.

☐ 4. 죄책감이나 후회가 반복된다. ('그때 그랬더라면...')

☐ 5. '왜 이런 일이 일어났는지' 계속 곱씹는다.

☐ 6. 일상생활 중 집중이 잘 안 되고 멍해질 때가 많다.

☐ 7. 앞으로의 삶을 상상하기 어렵고 방향이 없다고 느낀다.

☐ 8. 상실된 대상과 관련된 물건이나 장소에 집착하게 된다.

☐ 9. 일상적인 일(식사, 청소, 출근 등)을 자주 놓친다.

☐ 10, 수면에 어려움이 있다 (잠들기 힘듦, 자주 깸, 과도한 수면).

☐ 11. 내가 누구인지, 내 삶의 의미가 혼란스럽다.

☐ 12. 삶의 목적이나 방향이 사라진 것처럼 느껴진다.

감정 처방 향수 레시피

이 향수는 상실의 빈자리를 사랑의 기억으로 채워주는 향이다.

(향수병 30 ml 기준, 에센셜 오일 방울 수)

사별 했을 때

레시피1
일랑일랑6, 라벤더12, 오렌지18
레시피2
프랑킨센스12, 헬리크리섬6, 사이프레스18

실직, 이직, 퇴직했을 때

레시피1
베티버6, 사이프레스14, 라임17
레시피2
프랑킨센스12, 티트리9, 사이프레스12, 로즈마리6

이별 했을 때

레시피1
로즈15, 프랑킨센스14, 라임9
레시피2
미르5, 로즈마리9, 네롤리10, 오렌지13

꿈과 신념을 상실 했을 때

레시피1
미르5, 프랑킨8, 라벤더12, 스피아민트12
레시피2
하와이안샌달우드5, 타임3, 사이프레스10, 레몬8

🌂 향수 설명

상실은 우리가 믿어온 것들을 뒤흔든다. 신을 향한 믿음, 삶의 방향, 존재의 이유...모든 것이 흔들릴 때, 이 향은 우리를 조용히 감싸 안고, 마음 깊은 곳에 위로를 건넨다. '이 고통 속에서도 의미를 찾을 수 있을까?' 그 질문이 절망이 아니라, 회복을 향한 깊은 성찰의 시작이 될 수 있도록 이 향이 그 여정을 도와준다.

🌂 향수가 전하는 메시지

"그 사람이 떠난 자리는 허전하지만, 그 사랑은 어디에도 사라지지 않아요."

"당신의 그리움은 사랑이 남긴 흔적이에요. 오늘도 그 사랑을 품고 살아가도 괜찮아요."

"울 수 있다는 건 마음이 여전히 살아있다는 증거예요. 스스로에게 너무 엄격하지 않아도 돼요."

감정의 흐름을 향기로 바꾸는 법

1. 상실을 현실로 받아 들일 수 없을 때 손바닥에 향수를 뿌리고 두손을 모아 호흡하며 그 감정을 억누르지 않고, 있는 그대로 바라보는 시간을 가지세요.

2. 깊은 슬픔과 후회, 허무감이 몰려올 때, 심장 부위에 향수 롤온을 바르고 호흡하며 지금의 감정을 흘려보내세요.

3. 잠자리에 들기 전 심리 향수 롤온을 손등, 가슴, 목에 마사지하며 내면을 돌보고 다독여 주세요. 자신을 책망하거나 다그치지 않고 따뜻한 시선으로 안아주세요.

"이 향은 당신의 그리움을 기도로, 사랑을 추억으로
바꾸어 당신을 지켜주는 빛이 될 거예요."

향기로 감정을 디자인하다.

이 향기에 내가 선물하고 싶은 이름은 (   )입니다.

만든 날 |

당신이 디자인하고 싶은 감정은 무엇인가요?

그 감정은 어떤 상황에서 시작 되었나요?

내가 고른 향수는?

향수를 맡고 떠오르는 감정 또는 생각 적기

감정을 디자인한 후 마음에 어떠한 변화가 있었나요?

:감정의 그림자

우울의 특징

우울은 누구에게나 찾아오는 감정이다. 어느 날 갑자기, 마음 깊은 곳에서 조용히 떠올라, 기분은 가라앉고 몸은 무겁게 내려앉으며 세상의 모든 것이 회색빛으로 바래 보인다.

이 감정은 슬픔과는 조금 다른 양상이다. 우울은 슬픔이 오래 지속되면서 무력함과 허무함이 더해지며, 세상을 향한 마음의 문을 조용히 닫게 만든다.

우울은 이미 지나가 버린 상실, 실패, 후회 같은 일들에 대해 깊은 슬픔과 무기력을 느끼는 정서를 말한다.

"삶이 무의미해."라는 말처럼, 우울은 무언가를 잃고 난 뒤에 세상과의 연결이 느슨해지고, 삶의 빛깔이 사라지는 상태를 말한다. 때에 따라 우울은 분명한 원인이 있기도 하고, 아무런 이유 없이 찾아오기도 한다. 가끔은 이유 없이 눈물이 나고, 그냥 아무것도 하고 싶지 않다. 친구의 연락도 부담스럽고, 좋아하던 음악조차 시끄럽게 느껴진다. 하루종일 이불 속에만 있고 싶고, 일어나 씻는 일조차 버겁게 느껴진다.

"그냥 다 싫어"라고 말하는 이면에는, 슬프고 외롭고 허전한 속마음이 있다.

우울의 특징 중 하나는 '에너지의 상실'로 몸이 무겁고, 머리가 흐릿하고, 아무리 자도 피곤하다. 자신이 쓸모없게 느껴지고, 미래에 대한 기대가 사라지며 좋아하던 것들도 이제는 별 감흥이 없다. 웃고 싶은데 웃음이 안 나오고, 누군가 걱정 해주면 오히려 더 눈물이 날 것 같다.

우울을 느끼는 사람들은 사람들과의 관계에서 점점 거리를 두게 된다.

"괜찮아?"라는 물음에 '괜찮다'고 하는 것도 아닌 것 같고, '괜찮지 않다' 라고도 대답하기 어렵기 때문에 차라리 그냥 혼자 있는 것을 택해버린다. 그렇지만 마음 한편으로는 누군가가 다가와서 가만히 안아주길 바란다.

그 모순된 마음 사이에서 갈피를 잡지 못하고, 더 깊은 어둠 속으로 숨어버리기도 한다.

이처럼 우울은 '슬픔' 이상의 감정이다.

그것은 마치 빛이 사라진 방 안에 갇힌 듯한 상태이며, 그 어둠 속에서 자신조차 잊히는 감각이다. 그래서 우울한 사람들은 무엇보다도 "존재 자체로 괜찮다" 는 메시지를 듣고 싶어 한다.

심리학으로 보는 우울

심리학자 아론 벡은 우울을 '인지의 왜곡'으로 보았다. 그는 우울한 사람은 세 가지 방향으로 세상을 왜곡한다고 설명했다.

자신에 대한 부정: 나는 쓸모없는 사람이야.

세상에 대한 부정: 세상은 잔인해.

미래에 대한 절망: 앞으로도 좋아질 리 없어.

우울은 현실에 비해 세상을 훨씬 더 어둡고 차갑게 느끼게 만들지만, 진화 심리학에서는 우울을 '에너지 절약 모드'라고 보기도 한다. 상실과 실패를 경험한 사람이 일단 멈춰 자신을 돌아보게 하는 역할을 하며, 이런 관점에서보면 우울은 필요한 감정이기도 하다. 다만, 우울이 너무 오래 머물지 않도록 돕는 것이 중요하다.

행동주의 심리학자 B.F. 스키너는 우울을 환경적 보상의 부족과 연결지었다. 일상에서 즐거움과 만족을 주던 활동이 줄어들면, 인간의 행동은 위축되고 기분 역시 점차 가라앉는다. 이후 마틴 셀리그먼은 동물 실험을 통해 '학습된 무기력' 개념을 제시하며, 반복되는 통제 불가능한 경험이 우울을 심화시킨다고 설명했다.

한편, 실존주의 심리학자 빅터 프랭클은『죽음의 수용소에서』에서 우울을 삶의 의미 상실과 연결했다. 그는 인간이 극한의 상황에서도 삶의 의미를 발견할 때 비로소 정신적 회복력과 생존 의지를 되찾을 수 있다고 강조했다.

우울한 사람들이 자주 표현하는 말들

1. 자기 부정 / 무가치감을 느낄 때

"나는 쓸모없는 사람이야."

"내가 없어도 아무도 모를 거야."

"내가 다 망쳤어."

"다 내 탓이야."

"난 왜 이렇게 못났을까."

내면 상태: 자기 비하를 하게 되고 정체성이 흔들림을 느낀다. 죄책감과 수치심을 내면화하여 자신을 고립시킨다.

2. 무기력 / 에너지가 상실되었을 때

"아무것도 하기 싫어."

"그냥 너무 피곤해."

"살아 있는 것도 버겁다."

"숨 쉬는 것도 힘들어."

"일어나기도 싫고, 자기도 싫어."

내면 상태: 에너지가 저하되어 우울성 정동이 나타난다. 만성 스트레스 혹은 우울증에 동반되는 무동기 상태를 느낀다.

3. 무감각 / 무의미감을 느낄 때

"기쁘지도, 슬프지도 않아. 그냥 아무 느낌이 없어."

"그냥 멍해. 아무 생각도 안 나."

"모든 게 다 무의미해."

"예전에는 좋아했는데, 이제는 그냥 그래."

"다 포기하고 싶어."

내면 상태: 정서적으로 무감각해짐을 느낀다. 외상 후 해리 증상이나 만성 우울 상태
가 지속된다.

4. 외로움 / 단절감을 느낄 때

"아무도 나를 이해 못 해."

"주변에 사람이 있어도 혼자인 느낌이야."

"말하고 싶지도 않아."

"그냥 사라지고 싶어."

"괜찮냐고 묻는 것도 싫어."

내면 상태: 정서적으로 고립이 되고 관계를 회피한다. 공감 결핍으로 사회와 단절시
킨다.

5. 미래에 대한 절망을 느낄 때

"앞으로 나아갈 자신이 없어."

"앞날이 너무 깜깜해."

"내 인생은 여기까지인 것 같아."

"희망이 없어."

"더 나아질 것 같지 않아."

내면 상태: 생존 자체에 대해 회의감을 느끼고 만성 우울감을 느낀다.

우울증 자가진단 체크리스트

☐ 1. 지속적으로 불안하거나 슬픈 감정이 들고 "공허한" 기분이 든다.

☐ 2. 절망감이나 비관적인 느낌이 든다.

☐ 3. 과민하거나 좌절감을 경험한다.

☐ 4. 죄책감, 무가치함, 무력감이 든다.

☐ 5. 취미와 활동에 대한 관심이나 즐거움이 상실된다.

☐ 6. 에너지가 감소된 느낌이 있고, 피로 또는 둔화된 느낌을 받는다.

☐ 7. 집중, 기억 또는 결정을 내리는 데 어려움이 있다.

☐ 8. 잠이 잘 오지 않거나, 아침에 일찍 깨거나 늦잠을 잔다.

☐ 9. 식욕의 변화 또는 예상치 못한 체중 변화가 있다.

☐ 10. 신체적 원인이 없는데 신체적 통증이나 고통, 두통, 경련 또는 소화기 문제를 겪는다.

☐ 11. 죽음이나 자살 생각 또는 자살 시도를 해봤다.

감정 처방 향수 레시피

이 향은, "괜찮아, 넌 지금 그대로도 충분해." 라고 말해준다.

(향수병 30ml 기준, 에센셜 오일 방울 수)

🧴 좌절되어 비참하다고 느낄 때

레시피1
베르가못16, 오렌지12, 마조람4, 사이프레스8
레시피2
베르가못12, 오렌지8, 네롤리8, 로만캐모마일12

🧴 쓸쓸하다고 느낄 때

레시피1
베르가못16, 로먼캐모마일8, 로즈마리8, 일랑일랑8
레시피2
베르가못14, 로먼캐모마일12, 헬리크리섬10, 야로우4

🧴 우울감과 고독으로 자기 방어를 할 때

레시피1
클래리세이지16, 로즈마리8, 타임4, 로즈4, 오렌지8
레시피2
베르가못12, 네롤리12, 로즈8, 헬리크리섬8

🧴 우울감이 에너지 소진으로 나타날 때

레시피1
오렌지12, 로즈제라늄16, 샌달우드8, 자스민4
레시피2
오렌지12, 헬리크리섬8, 로즈8, 자스민4, 라벤더8

🔻 향수 설명

이 향수는 '괜찮아, 그대로인 네가 참 좋아'라고 속삭여 주는 향기이다.

세상과 멀어진 듯한 날, 그저 나의 숨결에 집중하며 다시 나를 느끼게 해주는 향기이다. 숨 쉴 때마다 가슴을 눌렀던 감정이 조금씩 풀리고, 어두운 방 안에 빛 한 줄기가 들어오는 듯한 느낌을 준다.

🔻 향수가 전하는 메세지

" 당신의 존재는 그 자체로 의미 있습니다."

" 어두운 밤이 지나면, 반드시 빛나는 낮이 돌아옵니다."

" 오늘은 그저 숨 쉬는 것만으로도 충분합니다."

감정의 흐름을 향기로 바꾸는 법

1. 혼자 있는 시간이 필요할 때, 손목에 향기를 뿌려 숨을 깊이 들이마시고 내쉬며 향이 몸에 스며드는 걸 느껴보세요. 향이 나의 몸 어디에 스며드는지도 느껴보세요.

2. 생각이 많아져 잠 못 드는 밤, 향수를 침구류에 뿌리고 불을 낮춰두세요. 고요한 어둠 속 향기가 당신의 수면을 이끌어 줄 거예요.

3. 자신이 작고 무가치하게 느껴질 때, 이 향을 들이마시며 이렇게 말해보세요."나는 지금 이 감정을 느낄 자격이 충분하다. 나는 OOO 존재로 충분하다."

"우울은 피해야 할 감정이 아니라 나에게 쉬어가자고
손짓하는 마음의 신호이다. 향기는 그 마음에 다가가
'괜찮아. 천천히 흘러가도 돼.' 라고 속삭인다."

향기로 감정을 디자인하다.

이 향기에 내가 선물하고 싶은 이름은 (   )입니다.

     만든 날 |

당신이 디자인하고 싶은 감정은 무엇인가요?

그 감정은 어떤 상황에서 시작 되었나요?

내가 고른 향수는?

향수를 맡고 떠오르는 감정 또는 생각 적기

감정을 디자인한 후 마음에 어떠한 변화가 있었나요?

인간관계

: 얽혀버린 관계의 실타래

인간관계 어려움의 특징

인간관계는 삶의 가장 큰 기쁨이 될 수도 있지만, 동시에 가장 깊은 고통의 원인이 되기도 한다. 인간은 사람과 사람 사이의 관계를 통해 단순한 교류를 넘어, 안전감, 소속감, 인정, 사랑, 존중이라는 정서적 욕구를 충족한다. 그러나 관계 속에서 이러한 욕구가 제대로 충족되지 못할 때, 불안, 두려움, 상처, 회피, 또는 과잉 의존과 같은 심리적 어려움이 나타난다.

인간관계에서 어려움을 느끼는 사람들은 보통 두 가지 반응 패턴을 보인다.

첫째는 과잉 몰입과 의존이다. 상대에게 잘 보이기 위해 자신을 지나치게 희생하거나, 상대의 감정에 과도하게 반응하며, 관계에서 벗어나는 것을 극도로 두려워한다. 이들은 상대의 반응 하나하나에 민감하게 반응하며, 불안해지고, 상대가 조금만 냉담해져도 쉽게 무너진다.

둘째는 회피와 단절이다. 누군가와 가까워지는 것 자체를 불편하게 여기고, 친밀해질수록 오히려 거리를 둔다. 겉으로는 차갑거나 무관심해 보일 수 있지만, 실제로는 상처받을까 두려워 스스로 벽을 세우는 것이다.

이들은 마음속으로 이런 질문을 반복한다.

"내가 싫어진 걸까?", "상대는 나를 끝까지 지지해줄까?", "어차피 세상은 혼자야!" 관계에서 어려움을 겪는 사람들에게는 이중적인 심리가 동시에 작동하는데, 타인과 가까워지고 싶은 욕구와, 거절 당하고 상처받을까봐 두려워 경계하는 심리이다.

관계에 대한 '내면의 기대'와 '두려움'이 계속 충돌하면서 정서적 긴장이 생기게 되는데, 이런 상황이 지속되면 인간관계에서 더 이상 즐거움이나 안정된 소속감은 느낄 수 없다. 오히려 "상처받지 않기 위해 조심해야 하는 전쟁터"처럼 느껴지게 된다. 친밀해질수록 불안하고, 멀어지자니 외로워지는 이 모순된 감정 속에서 사람들은 관계에 지치고, 피로하고, 점점 자신을 더 고립시키게 된다.

관계 속에서 자신을 숨기거나, 반대로 지나치게 드러내는 행동은 모두 두려움의 표현이다. 누군가가 나를 떠날까 두렵고, 거절당하는 것이 두렵다. 그래서 "있는 그대로의 나"를 드러내는 것 자체가 힘들어진다.

행동적으로는 다음과 같은 패턴이 자주 나타난다.

지나치게 상대의 감정에 맞추고, 싫은 말이나 거절을 잘 하지 못한다. 상대의 말 한마디, 표정 하나에도 과도하게 의미를 부여하며 불안을 느낀다. 상대가 조금만 무심하거나 바빠도, "내가 싫어진 걸까?"라는 생각이 자동적으로 올라온다. 관계가 조금만 불편해지면 대화나 소통을 피하고 스스로 단절한다. 친밀감이 두려워 차가운 태도를 보이거나 일부러 거리를 둔다. 상대에게 과도하게 의존하거나 집착적으로 연결되어 있으려 한다.

인간 관계에서 어려움을 느끼는 사람의 내면에는 "타인과의 연결 속에서도 "나는 안전하다", "거절당해도 나는 괜찮다", "상대의 태도는 나의 존재 가치를 결정하지 않는다"는 확신이 부재한 경우가 많다.

자존감이 낮은 사람은 "나는 본질적으로 사랑받을 가치가 없다"고 믿지만, 관계 불안이 높은 사람은 "상대가 나를 거절하면, 나는 그것을 견딜 수 없다", "관계가 끝나면 나는 너무 아프다"라고 믿는다.

하지만 관계에서 진정한 안정은 "상대가 나를 어떻게 대하든, 나는 나로서 안전하다", "거절당해도 나는 괜찮다", "상대가 떠나도 내 존재 가치에는 아무 영향이 없다"는 감정적 확신에서 시작된다.

내가 나를 충분히 신뢰하지 않고, 내 존재를 충분히 인정하지 않는 한, 타인과의 관계도 자연스럽게 안정되기 어렵다. 관계 회복의 시작은 상대를 바꾸는 것이 아니라, "상대가 나를 어떻게 생각하든, 나는 나로서 괜찮다"는 내면의 감정적 안전감을 회복하는 데서 시작된다.

심리학으로 보는 인간관계

사회학자 지그문트 바우만은 현대 사회를 '액체 사회'라 부르며, 관계마저도 일회적이고 가벼운 소비처럼 다루어지는 현실을 지적했다. 그의 저서『리퀴드 러브』에서 이렇게 말한다:

"우리는 관계를 맺기 전에 끝낼 방법을 먼저 생각한다. 그래서 깊이 있는 연결은 점점 더 어려워진다."

정신분석학자이자 철학자인 에리히 프롬은『사랑의 기술』에서 사랑을 감정이 아닌 의지와 기술로 보았다. 그는 현대인이 관계를 감정 소비로 여기며, 노력 없는 유대만을 기대한다고 비판했다. 관계의 기술은 노력 없이 습득되지 않으며, 감정만으로 지속되지 않는다는 것이다.

쉐리 터클은『외로워 지는 사람들』에서, SNS와 기술 중심의 소통이 오히려 진짜 대화를 빼앗았다고 말한다. '읽음 표시'는 남지만 정서는 공유되지 않는 시대, 그 결과 사람들은 '대화는 피곤한 것'으로, '공감은 귀찮은 것'으로 여기게 되었다.

심리학자 데이비드 리스먼은『고독한 군중』에서 현대인은 자기 기준이 아닌 타인의 기대로 자아를 구성한다고 보았다. 그 결과 진정성 있는 관계보다, 비교·인정 욕구·불안으로 가득 찬 '관계 흉내'만 남는다고 했다.

인간관계의 문제를 느끼는 사람들이 자주 표현하는 말들

1. 관계 속 과도한 경계와 불신이 생길 때

"사람은 결국 변해."

"믿으면 나만 바보 되는 거야."

"처음엔 다 잘해주지만, 결국엔 달라져."

"언젠가는 실망하게 돼."

내면 상태: 관계를 온전히 신뢰하지 못하며, 상대에게 마음을 열지 않는다. 상처받았던 과거 경험이 현재의 관계에도 영향을 미치며, '신뢰는 곧 위험'이라는 인식이 강하게 작동한다.

2. 거절 불안/단절 공포가 생길 때

"저 사람이 나 싫어하는 것 같아."

"조금만 차가워져도 너무 불안해."

"혹시 내가 실망시킨걸까?"

"언젠가는 나도 버림받겠지..."

내면 상태: 상대의 태도 변화에 과도하게 민감하게 반응하며, 거절이나 단절이 곧 존재 자체가 부정당하는 것처럼 느껴진다. 관계 속에서 심리적 안전감을 쉽게 잃는다.

3. 관계 속 과잉 몰입/의존 할 때

"나 없이 저 사람은 안 될 거야."

"내가 노력하지 않으면 관계는 유지되지 않아."

"저 사람의 기분이 나 때문에 바뀌는 것 같아."

"상대가 불편해하면 그건 내 탓일 거야."

내면 상태: 관계 유지의 책임을 전적으로 자신에게 지우고, 상대에게 과도하게 몰입하거나 희생한다. 스스로의 경계를 잃고, 존재 가치를 상대의 반응에 의존한다.

4. 회피를 하거나 거리두기가 필요 할 때

"사람은 결국 실망시키는 존재야."

"그래서 난 애초에 깊은 관계는 안 맺어."

"괜히 가까워지면 나만 상처받아."

"적당히 거리를 두는 게 편해."

내면 상태: 관계에서 상처받을까 봐 회피한다. 겉으로는 무관심하거나 차갑지만, 실제로는 관계 안에서의 불안과 두려움이 크다. "상처받기 전에 내가 먼저 거리를 둔다."는 심리적 방어가 작동한다.

인간관계 자가진단 체크리스트

☐ 1. 사람들과 있어도 외롭거나 피곤함을 자주 느낀다.

☐ 2. 상대가 나를 좋아하지 않는 것 같으면 불안해진다.

☐ 3. 감정을 솔직하게 말하는 것이 두렵다.

☐ 4. 내가 싫다는 말을 하면 관계가 깨질까 걱정된다.

☐ 5. 혼자 있고 싶다가도 누군가가 그립고 외롭다.

☐ 6. 상처받을까 봐 먼저 마음을 닫는 편이다.

☐ 7. 가까운 사람일수록 말이 더 어려워진다.

☐ 8. 관계 속에서 자꾸만 내가 손해 보는 기분이 든다.

☐ 9. 갈등을 피하려다 더 큰 오해를 만드는 일이 많다.

☐ 10. 누군가 나를 버릴까 봐, 항상 조심스럽다.

감정 처방 향수 레시피

이 향은 "나는 연결되어도 괜찮고, 멀어져도 괜찮은 사람이다." 라고 말해준다.

(향수병 30 ㎖ 기준, 에센셜 오일 방울 수)

🧴 거절 불안이 올라 올 때

레시피1
레몬12, 티트리6, 제라늄7, 주니퍼 베리7, 스피어민트2, 멜리사6,
레시피2.
라임12, 라벤더7, 주니퍼 베리7, 로즈6, 멜리사6

🧴 소통의 어려움이 있을 때

레시피1
자몽14, 바질2, 제라늄8, 로즈8, 파촐리4, 시나몬 바크2
레시피2
버가못8, 주니퍼 베리8, 로즈8, 자스민8, 일랑일랑4, 파촐리2, 진저2

🧴 과잉 몰입, 의존할 때

레시피1
오렌지16, 사이프레스8, 멜리사4, 클로브2, 블랙페퍼4, 프랑킨센스6
레시피2
자몽13, 클래리세이지9, 로만캐모마일4, 클로브2, 블랙페퍼4,
하와이안 샌달우드6

🧴 가정 폭력, 데이트 폭력으로 트라우마가 생겼을 때

레시피1
티트리8, 네롤리7, 로즈7, 멜리사4, 베티버7, 프랑킨센스7
레시피2
자몽12, 라벤더4, 네롤리8, 로즈8, 마조람4, 타임2

🫙 향수 설명

향기는 굳게 닫힌 마음의 문 앞에 조용히 다가와 말한다. "너는 누군가의 반응으로부터 너를 지킬 수 있어. 거절당해도 괜찮고, 멀어져도 괜찮아." 향을 들이마시는 순간, 그동안 관계 속에서 움츠러들었던 마음이 조금씩 풀어지기 시작한다. 연결은 상처의 시작이 아니라, 오히려 스스로에게 안전감을 허락하는 연습임을 향은 알려준다.

"너는 타인의 반응과 상관없이 소중한 존재야. 사람들의 태도가 바뀌어도, 누군가 너를 떠나도, 네 존재는 절대 흔들리지 않아."

🫙 향수가 전하는 메시지

"상대가 나를 어떻게 대하든, 나는 나로서 충분하다."

"거절당해도 괜찮다. 관계는 나의 가치를 결정하지 않는다."

"누군가 나를 떠나도, 나는 여전히 안전하다."

"관계 안에서도, 관계 바깥에서도 나는 온전히 나로 존재한다."

감정의 흐름을 향기로 바꾸는 법

1. 상대가 자꾸 신경 쓰이고 내 자신이 안절부절할 때, 향수를 뿌리고 향을 깊게 들이마신다. "상대가 나를 어떻게 대하든, 나는 나로서 안전하다."라고 말해본다.

2. 상대의 반응에 지나치게 휘둘리고 있다는 걸 알아챘을 때, 손목에 향수를 뿌린 뒤, 향수에 담긴 향을 하나하나 알아차려 보며, 모든 존재는 그 자체로 가치 있다고 생각한다.

3. 상대에게 잘 보이려 애쓰거나, 반대로 관계가 멀어질까 불안해질 때, 머리 위 허공에 향수를 가볍게 뿌리고 향기 속으로 몸을 들여보낸다. 머리부터 나를 감싸 내려가는 향을 느끼며 "나는 관계 안에서도, 관계 밖에서도 온전히 나다."라고 생각한다.

"우리는 상처받지 않기 위해 성벽을 쌓아올린다.
향기는 그 벽에 작은 문을 만들어 준다"

향기로 감정을 디자인하다.

이 향기에 내가 선물하고 싶은 이름은 (   )입니다.

만든 날 |

당신이 디자인하고 싶은 감정은 무엇인가요?

그 감정은 어떤 상황에서 시작 되었나요?

내가 고른 향수는?

향수를 맡고 떠오르는 감정 또는 생각 적기

감정을 디자인한 후 마음에 어떠한 변화가 있었나요?

열등감

: 비교라는 그림자

열등감의 특징

열등감은 '나는 부족하다'는 감정이 지속적으로 내면을 지배하는 심리 상태를 말한다. 이것은 자신을 타인과 끊임없이 비교하고, 그 비교 안에서 스스로를 깎아내리는 데 익숙해진다. "나는 왜 저 사람처럼 못할까." "나는 뭘 해도 애매한 것 같아." 이런 말들은 열등감을 가진 이들이 자주 스스로에게 던지는 말이다. 이 말들 안에는 자신을 충분히 사랑하지 못하는 슬픔과, 인정받고 싶지만 용기 내지 못하는 마음이 담겨 있다. 이 상태에 있는 사람들은 스스로의 성과나 매력을 쉽게 인정하지 못하고, 조금만 실수를 해도 '역시 나는 안 돼'라고 확신해 버린다. 타인의 칭찬을 받아들이지 못하는 반면, 누군가의 성공이나 행복 앞에서는 내 존재가 더 작아지는 기분을 느낀다. 열등감은 표면적으로는 자기비판으로 나타나지만, 그 깊은 뿌리는 자기 가치에 대한 불신이다. 나의 능력, 성격, 외모, 역할, 존재 자체를 '이만하면 괜찮아'라고 느끼지 못하는 상태다. 열등감은 마음속 거울이 왜곡되어 있는 것과 같다. 있는 그대로의 나를 비춰보는 대신, 더 낮다고 느끼는 누군가와의 비교를 통해 나를 점점 작고 흐릿하게 만든다. 내가 누구인지보다는 내가 누구보다 못한지를 더 또렷하게 인식한다.

열등감의 핵심적인 특징 중 하나는 '높은 기준'이다. 자기 자신에게 너무 높고 도달하기 힘든 기준을 부여하고, 그 기준에 도달하지 못하면 스스로를 처벌하듯 깎아 내리며, 결국 '나는 안 되는 사람'이라는 확신을 강화한다.

열등감은 때로 우리에게 중요한 메시지를 전한다. 자주 열등감을 느낀다면, 그 감정이 전하는 말을 다시 한번 들여다볼 필요가 있다.

"지금 너는 있는 그대로의 너를 제대로 보고 있지 못하다"라는 것이다.

이는 '더 나아져야 한다'는 요구가 아니라, '지금의 너 역시 충분히 소중하고 괜찮은 존재'임을 일깨워주는 말이다.

심리학으로 보는 열등감

심리학자 알프레드 아들러는 열등감을 인간이 성장하기 위한 자연스러운 감정으로 보았다. 그는 "모든 인간은 열등감에서 출발한다."라고 말하며, 이 감정이 적절히 수용되고 보완될 때 성장 욕구로 이어질 수 있다고 보았다. 하지만 열등감이 지속되고, 과도하게 내면화되면 '열등 콤플렉스'로 변하게 된다. 이는 자신의 모든 측면을 '결핍'으로 바라보게 만들며, 진짜 나의 모습과 삶의 가능성을 축소시킨다.

미국 심리학자 브레네 브라운은 열등감의 핵심을 '수치심'이라 설명한다. "나는 무엇을 했다"가 아니라, "나는 존재 자체가 부족하다"는 믿음이 뿌리 내릴 때 열등감은 고립, 회피, 자기 비난으로 이어진다고 말한다.

정신역동 이론에서는 열등감은 어린 시절 미해결된 관계에서 비롯된 자기 존재감의 손상으로 본다. 특히 사랑받지 못했다는 경험, 인정받지 못한 기억은 자기 개념을 약화 시키고 끊임없이 외부에서 '자기 가치'를 증명하려는 방식으로 나타난다. 열등감은 자기방어적 감정이자, 동시에 사랑받고 싶은 욕구의 반영이다. "나는 괜찮은 사람일까?" 이 질문이 반복되는 동안 마음은 조금씩 움츠러들고 있다.

열등감을 겪는 사람들이 자주 표현하는 말들

1. 끊임없는 비교와 자기 비하할 때

"나는 왜 이것밖에 안 되지?"

"나는 늘 평균 이하야."

"칭찬을 들어도 그냥 어색해요."

내면 상태: 비교를 통해 나를 정의하며, 자존감이 외부 평가에 과도하게 의존하고 있는 상태이다. 자신의 강점이나 개성보다는 결핍에만 초점을 맞추는 인지 왜곡이 존재한다.

2. 인정 불안 / 실패 공포가 몰려올 때

"내가 뭘 해도 부족해 보여요."

"조금만 실수해도 금방 무너질 것 같아요."

"늘 뭔가 들킬까 봐 불안해요."

내면 상태: 완벽주의, 수행 불안, 가면 증후군 등이 뒤엉킨 상태이다. 내면의 나는 '불완전한 존재'라는 확신에 갇혀 있다.

3. 타인의 시선을 지나치게 의식할 때

"사람들이 나를 어떻게 생각할지 신경 쓰여요."

"좋은 말 들어도 괜히 믿을 수가 없어요."

"남 앞에서는 괜찮은 척하게 돼요."

"늘 나를 숨기고 있는 느낌이에요."

내면 상태: 관계 속에서 '있는 그대로'의 자신을 내보이기 어려운 상태이다. 거절과 상처에 대한 과거 경험이 반복적으로 현재를 방해한다.

4. 자존감이 반복적으로 흔들릴 때

"어떤 날은 괜찮은데, 어떤 날은 바닥이에요."

"조금만 실패해도 자신감이 무너져요."

"나에 대해 좋게 생각하려 해도 잘 안 돼요."

"내가 괜찮은 사람인지 모르겠어요."

내면 상태: 안정적인 자기개념이 부족하며, 작은 사건에도 자존감이 쉽게 흔들린다. 스스로에 대한 신뢰가 축적되지 않은 상태이다.

열등감 자가진단 체크리스트

☐ 1. 타인의 장점을 보며 자신을 자주 깎아내린다.

☐ 2. 칭찬을 받아도 쉽게 믿지 못하고 불편하다.

☐ 3. 조금의 실수에도 자기비난이 과도하게 뒤따른다.

☐ 4. 타인의 평가나 반응에 지나치게 민감하다.

☐ 5. 나에 대해 이야기할 때 확신 없이 말하게 된다.

☐ 6. '난 원래 이런 사람이야'라고 단정 짓는 말이 많아진다.

감정 처방 향수 레시피

향기는 마음의 구조와 닮았다. 외부에 드러나지 않지만 은은하게 퍼지며, 우리의 무의식 깊은 곳까지 도달해 감정을 부드럽게 움직인다.

(향수병 30ml 기준, 에센셜 오일 방울 수)

🧴 시기, 질투가 생길 때

레시피1
로즈 3, 바닐라2, 베티버1, 베르가못3, 티트리1
레시피2
프랑킨센스3, 샌달우드2, 일랑일랑2, 베르가못3

🧴 수치심이 생길 때

레시피1
프랑킨센스2, 시베리안퍼4, 사이프러스2, 유칼립투스1, 페퍼민트 1
레시피 2
로즈제라늄3, 프랑킨센스2, 라벤더2, 시베리안퍼1, 사이프러스1

🧴 인정 결핍이 있을 때

레시피1
베티버2, 로즈마리3, 바질3, 페퍼민트2
레시피2
로즈3, 네롤리2, 프랑킨센스2, 베르가못2, 일랑일랑1

🧴 이상적 자아와 현실의 차이가 생길 때

레시피1
아버비테4, 블랙페퍼2, 그린만다린3, 페퍼민트1
레시피2
네롤리3, 마조람2, 샌달우드2,, 자몽2

🧅 향수 설명

이 향수는 비교하지 않아도 '너는 너대로 충분해'라고 다정히 말해주는 향기이다. 누군가와 나를 자꾸 견주게 되는 날, 이 향기는 나를 다시 나의 자리로 부드럽게 이끈다. 숨을 들이쉴 때마다 움츠러들었던 마음이 조금씩 펴지고, 나를 미워했던 감정들 위로 따뜻한 햇살이 비추는 듯한 향기이다.

🧅 향수가 전하는 메시지

"당신은 남과 비교해야만 가치 있는 사람이 아닙니다."

"지금 이 모습 그대로도 충분합니다."

"당신 안에 이미 빛나고 있는 무언가가 있습니다."

감정의 흐름을 향기로 바꾸는 법

1. 비교하고 있는 자신을 느낄 때, 손목에 향을 뿌려 천천히 숨을 쉬어보세요.

2. 자꾸만 자신을 작게 느낄 때, 눈을 감고 "나는 괜찮은 사람이다"를 향과 함께 되새겨보세요.

3. 무언가 잘못된 사람처럼 느껴질 때, 향수를 온몸에 뿌려 '내 안의 따뜻함'을 상기해 보세요.

4. 하루 시작 전, 향기를 뿌리고 나 자신에게 "오늘의 나는 나답게 살아도 괜찮다"고 속삭여 주세요.

"열등감은 당신이 모자란 게 아니라, 자신을
덜 사랑했던 시간에서 비롯된 그림자입니다. 향기는
그 그림자에 부드러운 빛을 비춰주는 작은 마음의 등불이 됩니다."

향기로 감정을 디자인하다.

이 향기에 내가 선물하고 싶은 이름은 (   )입니다.

만든 날 |

당신이 디자인하고 싶은 감정은 무엇인가요?

그 감정은 어떤 상황에서 시작 되었나요?

내가 고른 향수는?

향수를 맡고 떠오르는 감정 또는 생각 적기

감정을 디자인한 후 마음에 어떠한 변화가 있었나요?

자존감

: 내 마음의 뿌리

자존감의 특징

자존감은 자신을 인식하고 평가하는 내면의 기준이자, 스스로를 수용하고 받아들일 수 있는 정신적 힘이다. 단순히 '자신을 좋아한다'거나 '싫어한다'는 감정의 차원을 넘어서, 자신의 존재 가치와 타인과의 관계에서의 위치, 그리고 삶을 대하는 전반적인 태도에 깊이 영향을 미친다. 자존감은 자기 존중, 자기 신뢰, 자기 수용이라는 세 가지 축으로 이루어지며, 이 중 어느 하나라도 무너지면 개인의 정서적 안정과 삶의 질은 크게 흔들릴 수 있다.

자존감이 낮은 상태가 지속되면, 단순히 소극적이거나 자신감이 없는 수준을 넘어, "나는 원래 부족한 사람이다", "나는 가치 없는 존재다"라는 식의 존재 자체에 대한 부정적인 인식으로 확장된다. 이처럼 자존감이 낮은 사람들은 끊임없이 외부의 기준과 타인의 기대, 외적 성과에 자신을 맞추며 살아가게 된다. 그 결과, 작은 실수에도 과도하게 자신을 책망하고, 타인의 평가에 민감하게 반응하며, 인정받기 위해 자신을 끊임없이 몰아붙이는 악순환에 빠지기 쉽다.

자존감 부족의 가장 두드러진 특징은 내면화된 자기비판과 자기 폄하이다.

자존감이 낮은 사람은 자신의 내면에서 끊임없이 자신을 질책하고 무가치하게 여기며, 무의식적으로 다음과 같은 생각에 사로잡히곤 한다.

"나는 사랑받기에는 부족하다." "나는 항상 어딘가 모자라다." "나는 남들과 비교해 가치가 낮다." "노력하지 않으면 나는 무가치해진다."

이러한 사고는 행동과 감정 전반에 영향을 미치며, 스스로를 끊임없이 검열하고 억제하게 만든다. 그 결과, 정서적 피로와 함께 심리적 소진 상태에 빠지게 된다.

자존감 부족은 감정적으로는 수치심, 무력감, 죄책감과 깊게 연결된다. 자신의 존재 자체가 불완전하다고 느끼기 때문에, 타인과의 관계에서도 자신을 자연스럽게 드러내는 것 자체가 불편하고 두렵다. 그래서 종종 감정을 억누르고, 진짜 자신을 드러내지 않으며, 지나치게 위축되어 행동한다. 정서적으로도 불안, 우울, 대인관계 회피, 심한 경우에는 우울 장애나 불안 장애로 발전한다. 자존감이 낮은 사람들의 공통적인 심리적 패턴은 다음과 같다. '완벽해야만 안전하다고 느낀다.', '타인의 기대에 맞추지 못하면 존재 가치가 사라진다고 믿는다.', '스스로를 사랑하거나 존중하는 법을 배우지 못했다.', '내면의 자기 비판자가 끊임없이 목소리를 높인다.'

따라서 자존감 회복은 "나는 본래부터 가치 있는 존재다"는 사실을 다시 기억하고, 스스로를 있는 그대로 수용하는 과정이다. 자존감 회복의 시작은 타인에게 증명해야 하는 존재가 아니라, '내가 나로서 존재하는 것만으로도 충분하다'는 감정적 확신을 회복하는 것이다. 그 감각은 외부로부터 오는 것이 아니라, 스스로에게 허락하고 허용하는 순간 시작된다.

심리학으로 보는 자존감

심리학에서는 자존감을 '자기개념(self-concept)'과 '자기 가치감(self-worth)'의 통합 지표로 본다. 자기 개념은 내가 나를 어떤 사람으로 인식하는가이고, 자기 가치감은 그 인식된 나를 내가 얼마나 인정하고 지지하는가에 대한 감정이다. 미국의 심리학자 너새니얼 브랜든은 『자존감의 여섯 기둥(The Six Pillars of Self-Esteem)』에서 자존감을 다음과 같이 정의했다.

"자존감이란 내가 삶을 살아갈 자격이 있고, 행복을 누릴 가치가 있다는 믿음이다." 그는 자존감을 구성하는 여섯 가지 요소로 자기 인식, 자기 수용, 자기 책임, 자기 주장, 삶의 목적에 대한 충실, 자기 통합을 제시했다. 즉, 자존감은 특정 감정 상태가 아니라, 삶을 대하는 태도의 총합이라는 의미다.

또한 자기연민 연구의 대표적인 학자 크리스틴 네프는, '자기자비' 개념을 통해 자존감을 비교나 경쟁 없이 나 자신을 수용하는 능력이라고 설명한다. 그녀는 높은 자존감은 타인을 이겨서 생기는 것이 아니라, 나의 결점조차 따뜻하게 포용할 수 있을 때

비로소 생겨난다고 주장했다.

심리학자 가이원치는, 자존감을 '감정의 면역체계와 같다'라고 정의하며 낮은 자존감은 감정의 과민성, 관계 불안, 완벽주의적 사고, 지속적인 자기 의심으로 연결된다고 설명했다.

자존감이 낮은 사람들이 자주 표현하는 말들

1. 자기비하 /열등감이 생길 때

"나는 왜 이것밖에 못하지?"

"다른 사람들은 다 잘하는데 나는 항상 부족해."

"나는 사랑받을 자격이 없는 사람이야."

"나 같은 사람이 뭘 할 수 있겠어."

"항상 내가 문제야."

내면 상태: 끊임없는 비교와 자기비하, 존재 가치에 대한 근본적 불신, 무가치감과 수치심에 고립된 상태이다.

2. 완벽주의 / 인정 욕구로 힘들 때

"완벽해야 겨우 괜찮아 보여."

"이 정도로는 안 돼. 더 잘해야 돼."

"실수하면 사람들은 나를 무시할 거야."

"잘못 보이면 나를 싫어할 거야."

내면 상태: 외적 기준과 타인의 인정을 통해서만 존재 가치를 확인하려는 강박이 생기고 자기 검열을 강화한다. 또한 실수에 대한 공포를 느낀다.

3. 자기 포기 / 무력감이 느껴질 때

"어차피 난 안 돼."

"뭘 해도 소용없어."

"노력해도 나아지는 게 없어."

"나는 원래 이런 사람이야."

내면 상태: 자기 가능성에 대한 포기가 빠르고 무기력과 회피 전략으로 스스로를 보호한다. 실패를 회피하고 자기 제한을 강화한다.

자존감 자가진단 체크리스트

☐ 1. 내가 잘못하면 "나는 안 되는 사람이야"라고 느낀다.

☐ 2. 실수를 했을 때 지나치게 자책하거나 오래 끌고 간다.

☐ 3. 남과 나를 자주 비교하며 스스로를 깎아내린다.

☐ 4. 칭찬을 들어도 쉽게 받아들이지 못하고 부정한다.

☐ 5. 나보다 남을 먼저 챙기며, 정작 나는 소외된다.

☐ 6. 갈등을 피하려고 내 감정을 억누르는 경우가 많다.

☐ 7. 타인의 눈치를 많이 보고, 내 생각보다 그들의 반응이 더 중요하다.

☐ 8. 거절을 못 해 무리한 부탁도 쉽게 수락한다.

☐ 9. 누군가에게 실망을 주는 것이 너무 무섭다.

☐ 10. "나는 괜찮은 사람이다"라는 말을 스스로 하기 어렵다.

감정 처방 향수 레시피

이 향은, "너는 노력하지 않아도, 증명하지 않아도, 지금 이대로도 충분히 괜찮은 사람이야." 라고 말해준다.

(향수병 30ml 기준, 에센셜 오일 방울 수)

🧴 자존감 부족할 때

레시피1
자몽17, 일랑일랑6, 시베리안 퍼10, 타임3, 프랑킨센스4
레시피2
자몽8, 오렌지12, 일랑일랑4, 바닐라6, 하와이안 샌달우드8

🧴 사기가 저하 되었을 때

레시피1.
티트리12, 클래리세이지6, 로즈10, 시더우드7, 베티버3
레시피2.
라벤더6, 티트리10, 로즈8, 멜리사7, 프랑킨센스7

🧴 회피하거나 위축이 느껴질 때

레시피1.
오렌지12, 라벤더8, 로즈마리7, 시더우드7, 타임4
레시피2.
로즈마리4, 시베리안 퍼8, 주니퍼 베리8, 일랑일랑6,
시더우드6, 하와이안 샌달우드6

🧴 패배감이 느껴질 때

레시피1.
그린만다린12, 바질2, 주니퍼 베리6, 시베리안 퍼7, 로즈6, 시더우드5
레시피2.
라임14, 바질2, 주니퍼 베리6, 시베리안 퍼8, 로즈6, 타임2

🏺 향수 설명

자존감이 낮다는 것은 단순히 자신을 싫어하는 상태가 아니다. '나'라는 존재 자체에 대한 신뢰가 무너진 상태다. 나를 있는 그대로 사랑하는 법을 잊고, 스스로에게 가장 가혹한 평가자를 만들어 낸다. 향기는 오랜 자기 비판의 목소리를 조용히 잠재우며, "너는 지금 이대로도 괜찮아."라고 속삭인다. 향을 깊이 들이마시는 순간, 그동안 당연하게 여겨왔던 자기 검열과 자기 비난이 잠시 멈춘다. 타인의 기준에 자신을 맞추기 위해 쉼 없이 올라가던 긴장감이 조금씩 느슨해진다. 완벽하지 않아도 괜찮고, 잘하지 않아도 사랑받을 수 있다는 단순하지만 강력한 진실이 서서히 마음속으로 스며든다. 그동안 너무 오래 의심하고, 인정하지 않았던 나라는 존재와 온전히 만나는 시간이다.

"네가 사랑받을 이유는 네가 존재하기 때문이지, 뭔가를 해내서가 아니다."

"너는 더 노력하지 않아도 괜찮다. 지금의 너로도 이미 충분하다."

🏺 향수가 전하는 메시지

"너는 더 잘하지 않아도, 지금 이대로 충분해."

"사랑받기 위해 무언가를 증명하지 않아도 괜찮아."

"완벽하지 않아도, 있는 그대로의 너로 괜찮다."

"네 존재는 애초부터 가치 있고 소중하다."

감정의 흐름을 향기로 바꾸는 법

1. 스스로를 자꾸 깎아내릴 때, 손목과 가슴 중앙에 향수를 뿌리고 숨을 깊게 들이마신다. "나는 더 잘하지 않아도 괜찮다."고 속삭인다.

2. 타인과 나를 비교하며 작아질 때, 손바닥에 향을 뿌리고 양손을 비벼 두 손을 코 가까이 가져간다. 눈을 감고 향을 깊게 느끼며 "있는 그대로의 나도 충분히 소중하다."는 말을 반복한다.

3. 실수하거나 부족한 나를 스스로 비난할 때, 허공에 향수를 가볍게 뿌리고, 가슴

위에 손을 얹는다. 숨을 깊이 들이마시며, 마음속으로 "나는 나를 있는 그대로 사랑할 자격이 있다."고 말한다.

4. 사랑받을 자격이 없다고 느껴질 때, 천천히 복식 호흡을 하며 "나는 존재만으로도 가치 있다."는 확신을 내면에 채워 넣는다.

"자존감은 사라진 게 아니라 잠시 내 마음이 나에게서
등을 돌린 것 뿐이다. 향기는 등대의 불빛처럼
그 마음이 다시 나에게 돌아오는 길을 밝혀준다."

향기로 감정을 디자인하다.

이 향기에 내가 선물하고 싶은 이름은 (   )입니다.

만든 날 |

당신이 디자인하고 싶은 감정은 무엇인가요?

그 감정은 어떤 상황에서 시작 되었나요?

내가 고른 향수는?

향수를 맡고 떠오르는 감정 또는 생각 적기

감정을 디자인한 후 마음에 어떠한 변화가 있었나요?

죄책감

:감정의 무거운 짐

죄책감의 특징

죄책감은 '내가 잘못했다'는 마음에서 뿌리내린 감정으로 우리가 스스로에게 지우는 보이지 않는 무게이다. 누군가를 다치게 했거나, 도와주지 못했거나, 어떤 선택을 후회할 때 등 과거의 실수나 잘못된 선택이 떠올라 자신을 탓하고, 그때 그 순간으로 계속 돌아가게 만드는 감정이다.

'그때 그렇게 하지 말았어야 했는데'라는 생각이 끝없이 반복되면서 과거의 행동이나 생각에 대해 자신을 탓한다.

"내가 더 잘했어야 했다", "내가 없었더라면…" 자신이 저지른 실수에 대한 무거운 책임감을 느끼며, 타인에게 상처를 주었다고 느낄 때는 그 사람의 눈빛이나 말 한마디에도 민감해지고 자기비판은 점점 더 깊어진다.

결국, 자기존중감이 떨어지고 '나는 나쁜 사람이다'라는 내면의 목소리가 점점 커지며 자신의 존재 가치마저 의심하게 된다.

죄책감을 느꼈던 그 장면은 밤마다 어김없이 떠오르고, 나는 마음속에서 수백 번 사과를 되뇌며 여전히 그 순간에 붙잡혀 있다. 누군가는 "다 지난 일이야", "너만 그런 거 아니야"라고 위로하지만, 죄책감은 그렇게 쉽게 사라지지 않는다. 머릿속을 맴도는 그 장면 속에서 나는 끝없이 나 자신을 비난하고, 누군가의 용서조차 나에겐 사치처럼 느껴진다.

죄책감의 무게는 겉으로는 드러나지 않지만, 때로는 그 무게에 짓눌려 숨조차 제대로 쉴 수 없게 만든다. 누군가에게 미안한 마음이었지만, 결국 그 화살은 자신을 향한 비난으로 바뀌고 만다. "나는 너무 부족해", "나는 나쁜 사람이야"라는 생각이 마음속에 자리를 잡고, 그 감정은 관계를 피하게 만들고, 말을 삼키게 한다. 사과하고 싶은 마음은 있지만, 말할 용기가 나지 않아 그저 조용히 사라지고 싶다는 생각만 커져 간다. 스스로를 용서하지 못하고, 마음속 깊은 곳에서 자신을 벌하게 되며 감정은 점점 더 무겁게 짓누른다.

그러나 마음 한편에서는 누군가가 "너는 그럴 수 있었어. 괜찮아." 그렇게 말해주기를 간절히 바라고 있다. 죄책감은 지나간 과거에 마음을 붙들어 두고 현재를 온전히 살아가지 못하게 만든다. 하지만 중요한 건, 당신이 그 감정을 느낀다는 것 자체가 당신이 '좋은 사람'이라는 증거라는 점이다. 죄책감은 때때로, 누군가를 진심으로 아꼈고 무언가를 진심으로 소중히 여겼다는 마음의 반영일 수 있다.

심리학으로 보는 죄책감

죄책감은 자기통제와 도덕성을 형성하는 데 중요한 감정이다. 우리는 죄책감을 통해 자신의 행동을 되돌아보고, 타인과 사회의 규범에 맞춰 조금씩 성장해 나간다. 적절한 수준의 죄책감은 건강한 자기 성찰을 가능하게 하지만, 이 감정이 지나치거나 왜곡될 경우 자기 비난의 굴레에 갇히게 되고, 우울증이나 불안장애로 이어질 위험이 커진다.

심리학자들은 죄책감이 균형 있게 작동할 때는 정서적 건강에 긍정적인 역할을 하지만, 그 선을 넘어서면 '부적응적 죄책감'으로 발전해 오히려 마음을 병들게 한다고 말한다.

죄책감은 "내가 잘못했다"는 자기부정에서 출발하지만, 그 안에는 사실 "나는 더 나은 사람이 되고 싶다"는 내면의 신호가 담겨 있다. 그 신호를 부정하기보다 인정하고, 지나간 실수 속의 나를 따뜻하게 바라보는 연습이 필요하다.

죄책감으로 괴로워하는 사람들이 자주 표현 하는 말

1. 자책을 하거나 후회될 때

"그때 내가 그러지 말았어야 했는데."

"내가 너무 이기적이었어."

"다 내 탓이야."

"미안하다고 해도 소용없어."

"그 사람을 상처 준 건 결국 나야."

내면 상태: 과거 행동에 대해 집착적으로 회상하여 후회와 수치심의 고리 속에 갇혀 자기 비난을 한다.

2. 불안하여 경계를 주고 싶을 때

"또 상처 줄까 봐 무서워."

"내가 또 실수하면 어쩌지?"

"다들 날 미워할 거야."

"내가 잘못한 게 들킬까 봐 무섭다."

내면 상태: 자기 불신이 강하고 관계를 회피하는 성향이 있다. 과도하게 자기 검열을 하여 모든 관계에 방어적 태도를 취한다.

3. 부끄럽고 무가치하다고 느낄 때

"나는 좋은 사람이 아니야."

"내가 이럴 자격이 있을까?"

"나는 용서받을 수 없어."

"나는 사랑받을 수 없는 사람이야."

자존감 손상으로 자기를 거부하는 성향을 보인다. 정체성에 혼란을 느끼기 때문에 회피하려고 한다.

4. 관계가 단절될 때

"그 사람 얼굴을 못 보겠어."

"용서를 구할 용기도 없어."

"그냥 멀어지고 싶어."

"나 같은 사람은 가까이하면 안 돼."

내면 상태: 수치심으로 인해 관계를 회피하고 단절을 하려고 한다. 자존감을 지키고자 방어적 태도를 취한다.

죄책감 자가진단 체크리스트

☐ 1. 끊임없이 자신을 탓하는 내면의 목소리가 있다.

☐ 2. 이미 끝난 일에 대해 자주 되새기며 후회한다.

☐ 3. 사소한 실수에도 심한 자책과 수치를 느낀다.

☐ 4. 과거의 행동이 타인에게 어떤 영향을 줬는지 과도하게 걱정한다.

☐ 5. 타인의 반응을 지나치게 의식하며 위축된다.

☐ 6. 용서를 구해도 스스로를 용서하지 못한다.

☐ 7. 새로운 관계나 상황에서 자신감을 잃고 도망치고 싶어진다.

☐ 8. 반복적으로 죄책감을 느끼는 일이 있다.

감정 처방 향수 레시피

이 향은, "괜찮아, 넌 지금 그대로도 충분해. 실수한 너도, 여전히 소중해."
라고 말해준다.

(향수병 30 ml 기준, 에센셜 오일 방울 수)

🧴 자책하거나 후회가 밀려 올 때

레시피1
프랑킨센스12, 로즈8, 일랑일랑8, 로만캐모마일12
레시피2
자스민4, 로만캐모마일20, 라벤더12, 시베리안 퍼4

🧴 불안하거나 경계를 짓고 싶을 때

레시피1
클래리세이지10, 자몽16, 라벤더10, 사이프레스4
레시피2
베르가못12, 사이프레스12, 유칼립투스8, 멜리사8

🧴 자신을 무가치 하다고 느끼고 자기 불신이 있을 때

레시피1
베르가못12, 오렌지16, 제라늄8, 시더우드4
레시피2
라임16, 로즈8, 자스민4, 라벤더12

🧴 관계 단절을 원할 때

레시피1
로즈4, 일랑일랑8, 로만캐모마일12, 샌달우드8, 라벤더8
레시피2
베르가못12, 로즈제라늄8, 로즈8, 프랑킨센스8, 샌달우드4

🪔 향수 설명

죄책감은 마음에 쌓인 무거운 돌멩이 같지만, 그 돌멩이를 내려놓을 수 있는 힘도 우리 안에 있다. 향기를 들이 마시는 순간 그 무게를 스스로 내려놓도록 이끌어 주며 '내가 나를 용서할 시간이다' '이제 너 자신도 너를 용서해도 돼.'"라고 조용히 속삭인다.

🪔 향수가 전하는 메시지

"실수해도 괜찮아요, 당신은 여전히 소중한 존재입니다."

"과거의 무게에 눌리지 말고, 오늘은 나 자신에게 관대해짐을 느껴봅니다."

"나를 사랑하는 마음이 치유의 시작입니다."

감정의 흐름을 향기로 바꾸는 법

1. 후회가 자꾸 떠오를 때, 숨을 깊이 들이마시며 향과 함께 자신에게 속삭이세요. "그때의 나도, 최선을 다하고 있었어."

2. 누군가를 용서하지 못할 때, 가슴과 귓 볼에 향수를 뿌리고 나부터 용서하는 시간을 가져보세요.

3. 비난과 자기 책망으로 가슴이 답답할 때, 허공에 향수를 뿌리고, 잠시 두 눈을 감고 양손을 심장부위에 포갠 후 향이 스며듦을 느껴보세요. 가슴을 쓸어 내리며 "괜찮다. 괜찮다. 괜찮다."라는 말을 건네봅니다.

"용서는 과거의 내가 아니라,
지금의 나에게 건네는 선물이다."

향기로 감정을 디자인하다.

이 향기에 내가 선물하고 싶은 이름은 (   )입니다.

만든 날 |

당신이 디자인하고 싶은 감정은 무엇인가요?

그 감정은 어떤 상황에서 시작 되었나요?

내가 고른 향수는?

향수를 맡고 떠오르는 감정 또는 생각 적기

감정을 디자인한 후 마음에 어떠한 변화가 있었나요?

집중력 저하

: 마음의 안개

집중력 저하의 특징

집중력 저하는 마음이 한곳에 머무르지 못하고, 주의가 사방으로 흩어지는 심리적 상태를 말한다. "생각은 많은데, 하나도 정리가 안 돼."라는 말처럼, 머릿속이 복잡한데 정작 아무것도 하지 못하는 답답함이 특징이다.

이 상태에 있는 사람들은 종종 '산만함'이나 '멍함'을 오가며, 해야 할 일 앞에서도 방향을 잃는다. 책을 읽어도 같은 문장을 몇 번씩 다시 보게 되고, 말하다가도 문득 무슨 이야기를 하고 있었는지 잊어버린다.

해야 할 일은 많지만 손에 잘 잡히지 않고, 막상 시작하기도 전부터 피로감을 느낀다. 스마트폰 알림, 잡다한 소음, 주변 사람의 말 한마디에 쉽게 주의가 끊기며, 다시 집중하기까지 오랜 시간이 걸린다.

집중력 저하는 단순한 부주의라기보다는, 감정적인 과부하에서 오는 경우가 많다. 불안, 걱정, 압박감 같은 감정들이 마음을 점령하고 있을 때, 뇌는 생존에 더 가까운 정보만 처리하려고 한다. 그 결과, 지금 이 순간의 과업에는 에너지를 쓸 수 없게 되는 것이다. 연기가 자욱한 방 안에서 길을 찾으려 애쓰는 것과 같다. 사물은 다 있지만, 희미하고 흐릿하게만 보인다. 조금만 집중하면 될 것 같은데, 어딘가 막혀 있는 듯한 답답함. 마음속 GPS가 고장 나 버린 느낌이다.

"왜 이렇게 멍하니 있는 거야?"

"요즘 왜 이렇게 자꾸 까먹지?"

"해야 할 건 많은데 하나도 안 돼."

집중력 저하를 겪는 사람들이 자주 하는 말들이다. 이런 말들 속에는 자책과 혼란, 그리고 마음속 에너지가 분산되어 있다. 집중력 저하의 중요한 특징 중 하나는 '심리적 방향 감각의 상실'이다. 머리는 깨어 있지만 마음은 들떠 있고, 무엇을 향해 나아가야 할지 모른 채 제자리걸음을 반복한다.

특히 분노, 근심, 상실 같은 감정이 해소되지 않았을 때 집중력은 더욱 흐려진다. 그래서 집중력이 저하 되었을 때, 할 수 없는 나를 밀어붙이기보다, 잠시 멈춰 나의 감정 상태를 살펴보는 것이 회복의 첫걸음이 된다. 무언가를 잘하기 보다 우선 내 마음이 흩어지지 않도록 붙잡아줄 온기가 필요할 때인 것이다. 우리에게 '지금 이 감정을 돌아보라'는 신호를 알아차렸다면 향수를 만들고 눈을 감고, 천천히 향기를 맡아 보자. 어지럽게 떠 있던 마음이 가라앉고, 집중할 대상으로 다시 돌아올 수 있을 것이다.

심리학으로 보는 집중력 저하

"에드워드 H. 프리들랜더는 집중력 저하를 '주의의 분산'이라 설명했다. 주의는 한정된 자원이며, 감정적 긴장이나 불안, 해결되지 않은 내적 갈등이 있을 때 이 자원은 무의식적으로 소진된다. 겉으로는 멍해 보이지만, 내면에서는 끊임없는 심리적 소음이 주의 집중을 방해하고 있는 것이다.

미국의 심리학자 다니엘 카너먼은, 우리가 집중할 수 있는 인지적 에너지가 한계가 있으며 이 에너지가 불안, 걱정, 과도한 자극에 의해 잠식될 때 집중은 자연스럽게 무너진다고 보았다. 즉, 집중하지 못하는 것이 아니라, 이미 마음은 무언가와 '싸우느라' 바쁘다는 뜻이다.

정신분석적 관점에서 보면, 집중력 저하는 억압된 감정이 지금의 활동을 방해하는 방식으로 나타날 수 있다. 프로이트는 마음속 억눌린 욕구나 갈등이 다양한 형태의 증상으로 표현된다고 보았다. 집중력 저하 또한 그런 '무의식의 언어'일 수 있다. 어쩌면 그 사람은 지금 그 일에 집중하고 싶지 않은 분명한 이유가 있는지도 모른다.

심리학은 집중력 저하를 단순한 '주의 부족'으로 보지 않았다. 그보다는 정신 에너지의 누수이며, 해소되지 못한 감정의 잔향으로 바라 본다. 그래서 때로는 집중을 회복하기 위해 계획표나 외부 자극을 늘리는 것보다 더 먼저 필요한 것은 "지금 내 마음이 어디로 흐르고 있는지를 마주하는 용기이다."

집중력 저하되는 사람들이 자주 표현 하는 말들

1. 마음이 분산되어 있을 때

"머릿속이 너무 복잡해요."

"생각이 너무 많아서 아무것도 못 하겠어요."

"잠깐 멍 때린 줄 알았는데, 벌써 시간이 이렇게 지났어요."

"하나를 하려고 하면 열 가지가 떠올라요."

"계속 딴생각이 나요."

"뭘 하려고 했는지도 까먹어요."

내면 상태: 미해결된 감정(불안, 후회, 분노 등)이 마음 안에서 계속 떠다니며, '지금 여기에 머물기'가 어려운 상태이다.

2. 감정이 무거울 때

"그냥 아무것도 하고 싶지 않아요."

"일은 많은데 손이 안 가요."

"시작하려고 책상 앞에 앉으면 갑자기 피곤해져요."

"예전엔 재밌었던 것도 이제는 귀찮아요."

"하나도 안 들어와요, 눈으로는 읽는데 머리에 안 남아요."

내면 상태: 우울감, 무기력, 슬픔 등이 누적되어 인지 에너지까지 침식된 상태이다. 자기효능감이 떨어진 경우도 많다.

3. 불안이나 압박감이 있을 때

"집중하려고 하면 더 불안해져요."

"제대로 하려고 하니까 손이 안 나가요."

"해야 할 게 많아서 오히려 아무것도 못 하겠어요."

"이거 하다가 저거 해야 할 것 같고, 계속 갈팡질팡해요."

"집중이 안 되면 더 스트레스 받아요."

내면 상태: 완벽주의, 자기비판, 수행 불안이 내면을 지배하고 있을 확률이 높다. 주의 자원이 감정 조절에 쓰이느라 인지 작업에 쓰이지 못하고 있는 상태이다.

4. 마음이 멍하고 흐릿할 때

"자꾸 멍 때려요."

"생각이 안 나요, 무슨 얘기 중이었는지도 잊어요."

"머릿속이 하얘져요."

"내가 뭘 하고 있었는지 잘 모르겠어요."

"사람 말이 들리긴 하는데 안 들어와요."

내면 상태: 외상 후 반응(해리 증상 포함), 극심한 피로, 혹은 만성 스트레스에 의한 뇌 기능 저하일 수 있다.

집중력 저하 자가진단 체크리스트

☐ 1. 해야 할 일을 자꾸 미루게 된다.

☐ 2. 여러 생각이 한꺼번에 떠오르고, 하나도 끝맺지 못한다.

☐ 3. 멍한 시간이 많아지고, '시간을 흘려보낸다'는 느낌이 든다

☐ 4. 기억력이 떨어지고, 단어가 잘 떠오르지 않는다.

☐ 5. 눈은 떠 있는데, 머릿속은 '꺼져 있는' 상태이다.

☐ 6. 작은 소음이나 자극에도 쉽게 산만해진다.

감정 처방 향수 레시피

향기는 인지와 감정 모두에 작용한다. 특정 향은 마음을 가라 앉히고, 뇌파를 안정 시켜 집중을 도와준다. 향은, "괜찮아. 호흡에 응시하고 초점을 맞추면 온전하게 집중 하고자하는 대상과 연결될 수 있어." 라고 말해 준다.

(향수병 30 ml 기준, 에센셜 오일 방울 수)

💧 학습 보조로 사용할 때
레시피1
레몬 12, 페퍼민트4, 로즈마리 12, 마조람 12
레시피2
레몬 16, 페퍼민트 8, 바질 8, 사이프레스 8

💧 멍하다고 느낄 때
레시피1
레몬12, 클래리 세이지16, 로즈마리8, 마조람4
레시피2
레몬12, 티트리8, 사이프레스8, 타임4, 클래리 세이지8

💧 초조하고 산만함으로 집중이 안 될때
레시피1
레몬8, 프랑킨센스16, 로즈제라늄12, 마조람8
레시피2
레몬16, 시베리안 퍼4, 프랑킨센스12, 마조람8

💧 건망증이 있을 때
레시피1
레몬8, 바질16, 페퍼민트8, 로즈마리8
레시피2
레몬8, 프랑킨센스20, 바질4, 페퍼민트4, 타임4

 **향수 설명**

이 향수는 "생각이 많아도 괜찮아요. 이 향수가 정신을 맑게 해줄 거랍니다."라고 조용히 다독여 준다.

마음이 복잡해 집중이 되지 않을 때, 향기를 따라 천천히 숨을 고르다 보면 머릿속을 가득 채웠던 생각들이 하나둘 정리되며 잦아드는 것을 느낄 수 있다. 이 향은 산란했던 마음을 차분히 가라앉히고, 흩어졌던 집중력이 서서히 하나로 모여 다시 '나'라는 중심으로 돌아오게 해주는 깊고 따뜻한 숨결 같은 향기이다.

향수가 전하는 메시지

"당신의 뇌는 고장난 것이 아니라, 쉬고 싶은 것입니다."

"지금의 산만함은 당신이 게으르기 때문이 아닙니다."

"당신은 다시 집중할 수 있는 사람입니다. 단, 잠깐의 여유가 필요할 뿐입니다."

감정의 흐름을 향기로 바꾸는 법

1. 집중이 흐려질 때, 책상 위 손수건이나 휴지에 만든 향수를 뿌려보세요. 깊게 향을 들이마시면 "지금 여기"에 머무는 감각을 느낄 수 있을 거예요.

2. 지속적인 산만함이 느껴질 때는, 조용한 공간에서 손목에 향기를 뿌려 향기에만 집중해보세요. 향이 머릿속에 작용하여 주의를 집중하도록 이끌어 줄 거에요.

3. 생각이 많아져 머리가 복잡하다고 느낄 때 향수를 귓볼과 손목에 뿌려 향을 맡아보세요. 산란한 머릿속이 잔잔해짐을 느낄 수 있을 거예요.

4. 일 시작 전, 향수를 손목과 귓불 뒤에 뿌려 가볍게 호흡하세요. 향이 뇌에 신호를 보내고, 부연 안개가 걷히기 시작할 거예요.

"집중력 저하는 사라진 게 아니라, 잠시 내 생각들이
길을 잃고 흩어진 것뿐이다. 향기는 고요히 흩어진 생각들을
한곳으로 모아 다시 나에게로 돌아오게 한다."

향기로 감정을 디자인하다.

이 향기에 내가 선물하고 싶은 이름은 (   )입니다.

만든 날 |

당신이 디자인하고 싶은 감정은 무엇인가요?

그 감정은 어떤 상황에서 시작 되었나요?

내가 고른 향수는?

향수를 맡고 떠오르는 감정 또는 생각 적기

감정을 디자인한 후 마음에 어떠한 변화가 있었나요?

에필로그

에필로그

영화 퍼펙트 센스에서는 '후각의 상실과 함께 수많은 추억도 사라진다'는 대사가 나온다. 이 말은 비록 향기는 눈에 보이지 않지만 오히려 가장 선명한 기억을 남긴다는 사실을 잘 보여준다.

언제 어디서 처음 맡았는지조차 기억나지 않는 향이 문득 어떤 감정을 떠오르게 하고, 오래된 기억을 불러오기도 한다. 향은 형태도 없고 소리도 없지만, 늘 우리 삶 깊숙한 곳에 존재하며 감정과 기억을 조용히 흔든다.

이 책은 단순히 '향수를 만드는 방법'을 소개하는데 그치지 않고 '감정'과 '향'이라는 감각적 접근을 통해 자신의 내면을 이해하고 수용함으로써, 궁극적으로는 자신을 더 깊이 사랑할 수 있는 길로 독자를 이끌고자 했다.

감정 역시 향기처럼 눈에 보이지 않지만, 분명히 존재하며 우리 삶을 깊이 이끌어가는 본질적인 힘이다. 향기를 통해 기억이 드러나듯 감정 또한 마음속에 고요히 쌓여 있다가 어느 순간 모습을 드러낸다. 향을 따라 감정을 들여다보는 일은, 곧 나 자신의 마음을 이해하고 따뜻하게 돌보는 길이 된다.

감정은 억누르거나 회피해야 할 대상이 아니다. 그것은 지금 내 마음이 어떤 상태에 있는지를 가장 솔직하게 보여주는 언어다. 예를 들면 불안은 지금의 상황이 나에게 안전하지 않거나 익숙하지 않다는 것을 알려주는 내면의 경고등이다. 무언가를 지켜야 할 때, 혹은 변화 앞에서 준비가 덜 되었을 때 우리는 불안을 느낀다. 이는 회피해야 할 감정이 아니라, 내가 어디에서 불편함을 느끼고 있는지를 알려주는 중요한 신호다. 분노는 단순한 감정의 폭발이 아니라, 내가 무엇을 중요하게 여기고 있는지를 말해준다. 경계가 침해되었을 때, 내 가치가 무시당했을 때의 솟구치는 분노는 나 자신과 내가 아끼는 것들을 보호하려는 본능적 표현이다. 우울은 어느 날 갑자기 짙은 그림자처럼 다가오지만, 그것은 나에게 멈춤과 휴식을 요구하는 감정이다. 열심히 달려온 삶 속에서 내가 놓친 감정, 외면했던 내면의 소리를 다시 들으라는 마음의 메시지이기도 하다.

그리고 기쁨은 우리가 진심으로 원하는 것에 가까워지고 있다는 신호이다. 어떤 일을 했을 때 가슴 깊이에서 번져오는 따뜻함, 그것이야말로 지금 내가 가고 있는 방향이 맞다는 삶의 조용한 응답이다.

이처럼 우리는 감정을 억누르기보다, 그 안에 담긴 메시지에 귀 기울일 필요가 있다. 그리고 향은 이 과정을 함께해 줄 조용한 동반자가 되어 줄 것이다. 때로는 말보다 먼저 감정을 알아차리게 해주고, 때로는 잊고 지낸 기억을 불러와 닫혀 있던 마음의 문을 조심스레 열어 준다. 향을 맡는다는 것은 단순한 후각적 경험을 넘어, 나 자신과 마주하는 깊은 호흡이자 정서적 성찰의 시간인 것이다.

감정과 향은 이처럼 깊이 연결되어 있다. 이는 단순한 은유가 아니라, 실제 뇌의 작동 방식에서 비롯된 사실이기도 하다. 인간의 오감 중 후각은 유일하게 대뇌피질을 거치지 않고, 감정과 기억을 관장하는 변연계로 바로 연결된다.

변연계는 우리가 느끼는 감정, 그리고 오래된 기억들을 저장하고 처리하는 뇌의 중심 구조다. 그렇기에 어떤 냄새를 맡았을 때 갑작스레 감정이 솟구치거나, 잊고 지냈던 기억이 생생하게 떠오르는 것이다. 향이 감정 회복과 정서적 안정에 효과적인 이유노 바로 여기에 있다.

다른 감각들이 대체로 논리적 판단을 담당하는 대뇌피질을 먼저 거친다면, 후각은 그 과정을 건너뛰고 곧장 감정의 뇌를 자극하기에 향은 더 빠르게, 더 본능적으로 우리의 정서에 영향을 미친다.

이 책에서 향을 통해 감정을 들여다보고, 자신을 보듬고자 한 이유도 바로 그 때문이다. 향은 단지 좋은 냄새를 넘어, 감정의 문을 여는 열쇠가 되어 우리로 하여금 더 깊고 진실하게 자신과 마주할 수 있도록 도와준다.

향은 말없이 우리의 감정을 감싸 안고, 마음 깊은 곳에 숨어 있던 나를 조용히 불러낸다. 이 책이 당신에게, 향기를 매개로 자신의 감정에 더 가까이 다가가고, 그 감정을 있는 그대로 바라보며 받아들이는 여정이 되었기를 바란다. 그리고 그 여정 속에서 무엇보다 자신을 더 깊이 이해하고, 따뜻하게 사랑할 수 있게 되기를 진심으로 소망한다.

이 책이 당신에게 그런 순간을 선물할 수 있기를 바란다.

향을 통해 떠오를 감정들, 되살아난 기억들,

그리고 지금의 당신을 따뜻하게 안아주는 시간이 되었기를.

이 작은 향기의 여정이

당신이 스스로를 조금 더 사랑하고 이해하는 데 도움이 되었기를......

책장을 덮는 이 순간에도,

당신의 내면이 한결 편안해지고 은은한 향기로 가득 채워지기를.

부록

감정 조향 실습지

(예시)

① 나의 기분	② 조향 컨셉		③ 시작일 /완료일	
면접 생각만 하면 떨린다	긴장감은 없되, 정신은 맑게 유지		2025.5.1. / 2025.5.3	
④ Code No.	1			
⑤ 향수 네이밍	밸런싱 향수			
⑥ 향수 타입	10 ㎖ 롤온			
⑦ 향수 베이스	정제 코코넛 오일			
⑧ 에센셜 오일	1번	2번	3번	4번
부향률	20%			
필요한 에센셜 오일량	40방울(2 ㎖)			
자몽	6			
베르가못	10			
레몬	12			
클래리세이지	6			
시더우드	6			
총 오일량	40			
⑨ 비고 및 특이사항	1. 생각보다 시트러스가 강하다. 레몬의 느낌을 줄여야 할 듯.			

① 나의 기분 : 지금 느끼는 감정의 키워드를 적는다.
② 조향 컨셉 : 기분과 감정을 전환시킬 수 있는 향의 컨셉을 정한다.
③ 시작일/ 완료일 : 컨셉을 잡은 날을 시작일로, 레시피 작성 및 블렌딩이 마무리된 날을 완료일로 적는다.
④ Code No. : 코드 작성을 통해 다른 샘플들과 혼동 되는 일이 없도록 넘버링 한다.
⑤ 향수 네이밍 : 향수에 어울리는 이름을 붙여 본다.
⑥ 향수 타입 : 향수 타입과 용량을 적는다.
⑦ 향수 베이스 : 향수 베이스를 적는다.
⑧ 향수 만들기
　㉠ 10%, 15%, 20% 등 부향률을 정한다.
　㉡ 부향률에 맞게 넣어야 하는 에센셜 오일의 양을 계산한다.
　　(에센셜 오일량 계산하기: 만들려는 향수의양 10 ㎖ × 원하는 부향률 20% = 2
　　필요한 에센셜 오일의 양은 2 ㎖ 이다. 저울이 없을 경우, 에센셜 오일 1 ㎖ 는 20 방울로 계산)
　㉢ 공병에 에센셜 오일과 캐리어 오일을 넣고 잘 섞는다.
　　에센셜 오일 2 ㎖ + 정제 코코넛 오일 8 ㎖ = 10 ㎖ 롤온 향수 완성
⑨ 비고 및 특이사항 : 회차별 블렌딩의 느낌과 개선사항 등을 기록하여 다음 회차에 반영하여 원하는 향을 완성시킨다.

감정 조향 실습지

(예시)

① 나의 기분	② 조향 컨셉	③ 시작일 /완료일
면접 생각만 하면 떨린다	긴장감은 없되, 정신은 맑게 유지	2025.5.1. / 2025.5.3
④ Code No.	2	
⑤ 향수 네이밍	밸런싱 향수	
⑥ 향수 타입	30 ㎖ 스프레이 타입	
⑦ 향수 베이스	무수에탄올	

⑧ 에센셜 오일	1번	2번	3번	4번
부향률	20%			
필요한 에센셜 오일량	120 방울(6 ㎖)			
자몽	18			
베르가못	30			
레몬	36			
클래리세이지	18			
시더우드	18			
총 오일량	120			
⑨ 비고 및 특이사항	1. 시원한 느낌을 위해 스피어민트를 조금 추가할까 고민...			

① 나의 기분 : 지금 느끼는 감정의 키워드를 적는다.
② 조향 컨셉 : 기분과 감정을 전환시킬 수 있는 향의 컨셉을 정한다.
③ 시작일/ 완료일 : 컨셉을 잡은 날을 시작일로, 레시피 작성 및 블렌딩이 마무리된 날을 완료일로 적는다.
④ Code No. : 코드 작성을 통해 다른 샘플들과 혼동 되는 일이 없도록 넘버링 한다.
⑤ 향수 네이밍 : 향수에 어울리는 이름을 붙여 본다.
⑥ 향수 타입 : 향수 타입과 용량을 적는다.
⑦ 향수 베이스 : 향수 베이스를 적는다.
⑧ 향수 만들기
　㉠ 10%, 15%, 20% 등 부향률을 정한다.
　㉡ 부향률에 맞게 넣어야 하는 에센셜 오일의 양을 계산한다.
　　(에센셜 오일량 계산하기: 만들려는 향수의 양 30 ㎖ x 원하는 부향률 20% = 6
　　필요한 에센셜 오일의 양은 6 ㎖ 이다. 저울이 없을 경우, 에센셜 오일 1 ㎖ 는 20 방울로 계산)
　㉢ 공병에 에센셜 오일과 캐리어 오일을 넣고 잘 섞는다.
　　에센셜 오일 2 ㎖ + 무수에탄올 나머지 = 30 ㎖ 스프레이 타입 향수 완성
⑨ 비고 및 특이사항 : 회차별 블렌딩의 느낌과 개선사항 등을 기록하여 다음 회차에 반영하여 원하는 향을 완성시킨다.

감정 조향 실습지

① 나의 기분	② 조향 컨셉		③ 시작일 /완료일	
④ Code No.				
⑤ 향수 네이밍				
⑥ 향수 타입				
⑦ 향수 베이스				
⑧ 에센셜 오일	1번	2번	3번	4번
부향률				
필요한 에센셜 오일량				
총 오일량				
⑨ 비고 및 특이사항				

부자재 구입 사이트

- 이안솝 http://eansoap.com
- 캔들바다 https://m.candlebada.com/
- 바다캔들 https://badacandle.com/
- 로힐 https://rohil.co.kr/
- 에코팩토리 https://www.ecofactory.co.kr/
- 데이데이테라피 https://www.daydaytherapy.com/
- 새로핸즈 https://www.saerohands.com/
- 케이크솝 http://www.cakesoap.co.kr/
- 쑤쑤아로마 https://m.suesuearoma.com
- 캔들조아 https://m.smartstore.naver.com/candleejoa
- 향기에 반하다 https://m.smartstore.naver.com/hyanggie
- 드 그라쎄 https://m.smartstore.naver.com/de-grasse
- 젤캔들샵-더캔들 http://www.gelcandleshop.co.kr
- 캔들킹 https://m.smartstore.naver.com/candleking
- 더 별님 https://m.smartstore.naver.com/the-byulnim
- 아로마띠끄 https://m.smartstore.naver.com/aromatiquemall
- 강군샵 https://m.smartstore.naver.com/kgshop09
- 포포라운지 https://m.popolounge.com
- 담다,아로마 https://m.smartstore.naver.com/damdaaroma
- 캔들랩 https://m.candle-lab.co.kr
- 캔들이케아 https://candleikea.com/main/index

참고 문헌

- 김민준·이햇님. 『향료와 향수마스터』. 서울:북앤미디어 디엔터. 2021.
- 김상인. 『우울증과 행동 활성화 이론 디지털 헬스케어』 서울: TURINGBIO. 2024.
- 김수경 외. 『아로마테라피 기초에서 치료까지』. 경기도:빅애플. 2015.
- 김순진 외. 『외상후 스트레스 장애』. 서울:학지사. 2000
- 김은정. 『사회공포증』. 서울:학지사. 2000.
- 김정희 외. 『현대심리치료』. 서울:박학사. 2017.
- 김현숙 외. 『마음을 치유하는 아로마테라피』. 경기도:군자출판사. 2022.
- 권석만. 『현대이상심리학』. 서울:학지사. 2003.
- 권석만. 『현대 심리치료와 상담이론』. 서울:학지사. 2012.
- 노영채. 『Hello, 아로마테라피』. 서울:고요아침. 2019.
- 노영채. 『전문가를 위한 아로마테라피와 생리학』. 서울:고요아침. 2023.
- 대니얼 카너먼. 『생각에 관한 생각』. 서울:김영사. 2018.
- 데이비드 리스먼. 『고독한 군중』. 서울:동서문화사. 2016.

- 레슬리 그린버그. 『정서 중심 치료』. 서울:교육과학사
- 로버트 A. 네이마이어. 『애도와 상실: 상실을 마주하고 성장하기』. 서울: 박영스토리. 2023.
- 로베르트 뮐러-그뤼노브. 『마음을 움직이는 향기의 힘』. 서울:아날로그. 2020.
- 류진. 『감각을 깨우는 후각훈련』. 경기도:바람출판사. 2004.
- 마틴 셀리그만. 『마틴 셀리그만의 긍정 심리학 학습된 낙관주의』. 경기도:21세기북스. 2008.
- 베티나 파우제. 『냄새의 심리학』. 서울:북라이프. 2021.
- 브레네 브라운. 『수치심 권하는 사회』.경기도:가나출판사. 2007.
- 브릿 프랭크 『무기력의 심리학』. 서울:흐름출판. 2023.
- 복영옥. 『전문가를 위한 아로마테라피』. 서울:어드북스.2007.
- 살바토레 바탈리아. 『아로마테라피 완벽 가이드』. 영국아로마테라피센터. 2019
- 송인갑. 『후각을 열다』. 서울:청어. 2012.
- 시오다 세이지 『향기치료』. 서울:청홍. 2015.
- 신현균. 『주의력결핍 및 과잉행동장애』. 서울:학지사. 2000.
- 쉐리 터클. 『외로워 지는 사람들』. 서울:청림출판사. 2012.
- 아론 벡. 『인지치료와 정서장애』. 서울: 학지사. 2017.
- 아이즌 심. 『녹색의학 이야기 허브의 비밀』. 서울:한국다이너퓨처. 2015.
- 알프레드 아들러. 『위대한 심리학자 아들러의 열등감 어떻게 할 것인가』.
- 서울:소울 메이트 2015.
- 와다 후미오. 『누구나 쉽게 배우는 아로마테라피교 과서』. 서울:이아소. 2013.
- 와다 히데키. 『우울의 벽』. 경기도:넥스웍. 2024.
- 안홍석 외. 『아로마테라피 솔루션』. 서울:정담미디어. 2006.
- 앤드류 심스. 『마음의 증상과 징후』. 서울: 중앙문화사. 2003.
- 에리히 프롬. 『사랑의 기술』. 서울: 문예출판사. 2019.
- 오홍근. 『오홍근 박사의 향기요법』. 서울:양문. 2000
- 오홍근. 『생활에 활력을 더해주는 아로마테라피』. 서울:삼호미디어. 2001.
- 유강목. 『아로마테라피로 뭘 치료해볼까?』. 서울:엔디. 2003.
- 윤정식 외. 『생활의 향기』. 서울:꿈과희망. 2013.
- 이용승 외. 『강박장애』. 서울:학지사. 2000
- 이용승. 『범불안장애』. 서울: 학지사. 2000
- 장 끌로드 엘레나. 『나는 향수로 글을 쓴다』. 서울:여운. 2015.
- 장 끌로드 엘레나. 『향수가 된 식물들』. 서울:아멜리에북스. 2023.
- 장현갑 외. 『스트레스와 정신건강』. 서울:학지사. 1996.
- 조성준 외. 『아로마 치료』. 서울:학지사. 2006.
- 제레미 홈즈. 『존 볼비와 애착이론』. 서울:학지사. 2005.
- 제프리 엘런 그레이. 『불안의 신경 심리학』. 1987.
- 지그문트 바우만. 『리퀴드 러브-현대의 우울과 고통의 원천에 대하여』. 서울: 새물결. 2013.
- 채병제. 『아로마테라피 마스터』. 서울:PAN n PEN. 2017.
- 하병조. 『아로마테라피』. 서울:수문사. 2000.
- 한선희. 『여성건강과 아로마테라피』. 서울:현문사. 2002.
- 한주탁. 『한박사의 아로마테라피 개론』. 서울:좋은땅. 2013.

- 히라야마 노리아키. 『향의 과학』. 서울:황소자리. 2021.
- 프레디 고즐랑 외 『조향사가 들려주는 향기로운 식물도감』. 서울:도원사. 2023.
- Aaron T. 『인지적 관점에서 보는 불안장애와 공포증』. 서울:학지사. 2022.
- ISP. 『향수 수집가의 향조 노트』. 서울:파이퍼. 2023.
- J. 윌리엄 워든. 『유족의 사별애도 상담과 치료』. 서울: 해조음. 2016.
- Peter Fisher. 『메타인지치료』. 서울: 학지사. 2016.
- Rosemary Caddy. 『AROMATHERAPY the essential blending guide』. Amberwood. 2000.
- Greenberg, L. S. 『Emotion-Focused Therapy: Coaching Clients to Work Through Their Feelings』. American Psychological Association. 2002.
- Greenberg, L. S., & Paivio, S. C. 『Working with Emotions in Psychotherapy』. Guilford Press. 1997.